SUZUKI

ELJOT, SJ & SAMURAI VON 1970 BIS 2004

Alexander F. Storz

Motor buch Verlag

Einbandgestaltung: Luis dos Santos unter Verwendung von Aufnahmen aus dem Archiv des Herstellers

Dank und Fotonachweis:
So ganz alleine am schwarzen Schreibtisch geht es nicht. Der Autor erhielt Unterstützung und Hilfe in Form geistigen Inputs und zugelieferter Fotos. Dafür dankt er allen Beteiligten. Wenn unter der konkreten Abbildung nicht anders angegeben, stammen die Fotos aus dem Archiv des Autors oder sind Werksfotos von Suzuki in Japan oder von Suzuki-Importeuren aus Deutschland, Österreich, der Schweiz und den USA.
Der Autor legt Wert auf die Tatsache, dass dieses Buch ausschließlich mit natürlicher Intelligenz verfasst wurde.

ISBN: 978-3-613-04683-2

1. Auflage 2024

Sie finden uns im Internet unter www.motorbuch-verlag.de

Lektorat: Martin Gollnick
Innengestaltung: Luis dos Santos
Druck und Bindung: Graspo CZ, 76302 Zlin
Printed in Czech Republic

Wir kennen und lieben ihn als Eljot. So hieß er nur bei uns, es handelt sich dabei um die phonetische Schreibweise von »LJ«. Ganz früher LJ 10 von 1970 als Ausstellungsstück auf der Mondial de l'Auto in Paris 2018. (Foto: Rudger van der Maar)

Einleitung

»Suzuki« klingt nett. Das »i« am Ende wirkt fast wie eine Verniedlichung. Der Name motiviert denjenigen, der einen Suzuki hat, ihn »Suzi« oder »Susi« zu nennen – zumindest in Deutschland ist das so und natürlich auch nur dann, wenn der Fahrer seinen Suzuki gerne hat. Es sind Autos zum Gernhaben, kleine Autos, die zum vermeintlich niedlichen Namen passen. Aber der Name ist alles andere als niedlich. Es ist eben ein japanischer Familienname, derjenige von Michio Suzuki, der seine Firma 1909 gründete, eine Firma, deren Produktlinie vom Webstuhl über Mofas und Motorräder bis zum Außenbordmotor und schließlich zum Kleinwagen führte.
Während die Motorräder heute eher groß sind, blieben die Autos eher klein. Im Personenwagenbereich gab es erst seit 2009 einen Mittelklassewagen (er hieß Kizashi und verschwand 2016 ohne Nachfolger), und im Geländewagenbereich sind die Suzukis zwar hardcore und tough, aber größer als ein Grand Vitara XL-7 (immerhin 2,7-Liter-Ottomotor mit 173 PS) war bisher noch kein Suzuki-Offroader – und der XL-7 ist auch nicht gerade ein Riese, sondern ein gestreckter Grand Vitara. Dieser steht, wenngleich etwas aufgeplustert, in der Tradition der kleinen Suzuki-Geländeflöhe, beginnend mit dem putzigen Eljot und dessen ebenfalls niedlichen Nachfolger SJ/Samurai, dem 1988 der erste Vitara und zehn Jahre später der Grand Vitara folgte, ab 2005 in zweiter Generation bis 2015. Der aktuelle Grand Vitara ab 2022 ist ein in Indien produziertes SUV, das nicht in Europa angeboten wird. Es sonnt sich im traditionellen Namen, führt aber die Tradition kleiner Hüpfer nicht fort.

Auf dem Weg zum Kunden in den Niederlanden: Lauter fabrikneue SJ 410, komplett abgarniert und somit niedrig bauend, Windschutzscheibe abgeklappt, Türen ausgehängt, mit Plastikfolie geschützt.Viele frühe SJ 410 in Standard-Ausstattung mit weißen Stahlscheibenrädern.

Das Auto war dauerhaft, seine Karosserie aber nicht. Der SJ lud ein zum Spielen. Nach 1990 bekam so mancher eine Trabant-Karosserie aufgepflanzt. Dessen Radstand beträgt 2020 mm, derjenige des SJ 2029 mm. Der eine Zentimeter Unterschied fiel nicht auf: Passt!

Das Buch befasst sich nicht nur mit den LJ und SJ, die in Deutschland zu haben waren, sondern blickt in die Welt. Abgebildet ein SJ 413 vom anderen Ende derselben, aus Australien. Dort wurde er von der GM-Tochter Holden als Holden Drover angeboten. Das lag daran, dass Suzuki und GM ab 1981 kooperierten, im Jahre 2000 hielt GM 20 % der Suzuki-Anteile. 2008 wurde die Partnerschaft beendet. (Foto: Holden)

Das tut der Jimny in nunmehr zwei Generationen (FJ von 1998 bis 2018 und seither GJ). Ihn versteht Suzuki als wahren Nachfolger des Eljot und Samurai, weil eben der Vitara und Grand Vitara von Generation zu Generation gewachsen ist. Im Geländewagensektor kratzte er zuletzt an der Mittelklasse, ohne Putzigkeitsfaktor. Den hat der kleine Jimny hingegen bis heute, so richtig zum Liebhaben.
Diese Typenchronik befasst sich mit den ersten beiden Suzuki-Geländeflöhen, dem Eljot und dem SJ/Samurai, und deckt damit den Zeitraum 1970 bis 1983 (Eljot) und 1981 bis 2004 (SJ/Samurai) ab. 1970 konnte man in Europa aber noch keinen Eljot (respektive LJ) kaufen, erst ab 1980. Damals änderte sich der automobile Alltag rapide, und der kleine Suzuki ist daran ebenso schuld wie das Bretton-Woods-System. Das hatte den Dollar als Ankerwährung mit festen Wechselkursen für den globalen Westen bestimmt, ein Dollar kostete immer rund vier D-Mark. Das System geriet ins Wanken, die D-Mark wurde gegenüber dem Dollar immer mehr aufgewertet. Mitte der 70er Jahre kostete der Dollar 2,50, 1977 noch 2,30, 1978 glatte 2 Mark und 1979/80 sogar nur noch 1,80 Mark. So billig war er nie zuvor. Das machte US-Importe nach Europa interessant, und die »Big Three« des US-Autobusiness, General Motor, Ford und Chrysler, brachten günstige US-Cars ins Land. Vor allem der Luxusgeländewagen Chevrolet Blazer verkaufte sich bestens.
Der Blazer am einen und der Suzuki Eljot am anderen Ende der Offroad-Skala begründeten den Geländewagentrend in Europa 1977/78/79, der zwei Jahrzehnte lang unvermindert anhielt und letztlich nie abschwoll – wenngleich die richtigen Geländewagen mit Leiterrahmenchassis, starren Achsen und Reduktion zunehmend durch weichgespülte SUV abgelöst wurden.
Suzilein ist also quasi schuld am europäischen Geländewagen-Boom (natürlich zusammen mit anderen Pionieren à la Lada Niva, Land und Range Rover oder Mercedes G-Modell, das ebenfalls Ende der 70er kam, und sogar der alte Bundeswehr-DKW-Munga erlebte, oft mit Opel-Kadett- statt seinem Zweitaktmotor, eine Renaissance in der Szene).

Mit dem SJ Samurai endet zwar das Buch, aber noch lange nicht die Suzuki-Offroadgeschichte. Ihm folgte 1988 der erste Vitara, den es auch als fünftüriges SUV gab. Hier die britische Ausführung, die US-Version hieß Sidekick.

Suzuki blieb auch nach dem Samurai seiner angestammten Größenkategorie treu. Ab 1988 ergänzte der Vitara den Samurai, später ersetzte er ihn. Der Ur-Vitara blieb nach 1998 nur bei Santana in Spanien im Programm, in Japan löste ihn der Grand Vitara ab. Dieser Grand Vitara erklimmt im Frühjahr 2000 frech die Stufen zum »Nischel«, dem Karl-Marx-Monument in Chemnitz. (Foto: afs)

Zwischen Schlössern und Abteien, verfallene Gemäuer aus Zeiten der Christianisierung: aufgelassenes, überwucherte Artefakte in der Haute-Marne im Südosten Lothringens, ein Suzuki Grand Vitara XL-7 des Baujahrs 2004 mit 2-Liter-Commonrail-Diesel und 109 PS in natürlicher Umgebung vor dem Eingangsportal der Abtei von Mureau von 1149. (Foto: afs)

Auch den Grand Vitara gab es als fünftüriges SUV, ein ziemlich erwachsenes Fahrzeug, als XL-7 ab Ende 2001 sogar mit 2,5-Liter-V6.

Damals, 1978, wurde auch die Spezialzeitschrift Off-Road gegründet, die sich bis heute hält, wenngleich die monatliche einer vierteljährlichen Erscheinungsweise gewichen ist, aber Zeitschriften haben es heute ohnehin nicht mehr leicht. Bücher wie dieses zwar auch nicht, aber sie sprechen eben die Enthusiasten einer Marke oder gar eines Fahrzeugtyps an, denen gut Recherchiertes und Lektoriertes dann doch lieber ist als windigschwindsüchtige Internetbeiträge selbsternannter und anonym bleibender »Fachleute«. Ein gebundenes Buch liest man mit Muße, stellt es ins Regal, kann es später erneut zur Hand nehmen. Man kann es geschenkt bekommen oder verschenken. Wenn der Leser darin (wider Erwarten!) einen Fehler findet, kann er sich an den Verlag wenden, dieser leitet den Brief weiter an den Autor, und der meldet sich dann unter Umständen sogar beim Briefeschreiber, bedankt sich für den Hinweis und korrigiert den Fehler in der zweiten Auflage. Wie früher halt ...

Das Buch beginnt, ganz konventionell aufgebaut, mit der automobilen Geschichte Suzukis und den Kleinstwagen der 50er Jahre, die in den 60ern etwas wuchsen. 1968 übernahm Suzuki den kleinen japanischen Autohersteller Hope Motors und dessen Konstruktion Hope Star. Daraus entwickelte Suzuki den LJ ab 1970, der 1979 nach Europa und 1980 nach Westdeutschland kam. Dessen Nachfolger SJ 410 und SJ 413, der später zum Samurai wurde (Cabriolet, Van und Pick-up), wird ebenfalls historisch, konstruktiv und ein wenig soziologisch behandelt. Spannend sind dessen Auslandsversionen, und die letzten Samurais in Deutschland waren tatsächlich keine Japaner mehr, sondern bei Santana in Spanien gefertigte Fahrzeuge, die technisch von den Originalen abwichen. Ein kurzes Kapitel über Eljot und Samurai als Miniaturautos schließt das Buch. Wer Fahrhinweise im Gelände, eine Reparaturanleitung oder Hardcore-Technisches erwartet, wird enttäuscht. Wer einen Überblick über die Suzuki-Geländehüpfer, deren Werdegang und deren Einordnung in den automobilen Kosmos lesen möchte, freut sich über viele unveröffentlichte Fotos, auch Werksaufnahmen, pfiffige Werbung und eine Reise in die Zeit, als Eljots und Samurais unsere Straßen bevölkerten. Der Autor wünscht angenehme Lektüre.

Ulm, im Sommer 2024
Alexander Franc Storz

In Japan löste der Jimny FJ 1998 den SJ Samurai ab, wenngleich dieser noch weitergebaut wurde. Nach Europa kam der FJ auch, und er war der erste, der hier Jimny hieß. In Nippon wurden alle kleinen Geländewagen seit 1970 als Jimny vermarktet. (Foto: Trop86)

Der aktuelle Jimny GJ, also nach deutscher Nomenklatur der zweite Jimny, seit 2018 am Markt, seit 2021 offiziell nur noch als zweisitziges Nutzfahrzeug erhältlich.

Kapitel 1: Die Suzuki-Autogeschichte: Vom Webstuhl für die Mutter zu Kei-Cars für Japan

Nezumino-Mura heißt ein unscheinbares Dorf in der Präfektur Shizuoka auf der japanischen Insel Honshū, das 1887 gerade mal 32 Häuser aufwies. In einem davon wurde Michio Suzuki am 18. Februar 1887 als Sohn eines Baumwollpflanzers geboren. Seine Kindheit verbrachte er damit, auf dem elterlichen Hof Baumwolle zu pflanzen, und seine Jugend damit, als Lehrling und später Mitarbeiter eines Schreiners Holz zu bearbeiten. Alles immer von Hand. Maschinen, irgendwelcher Fortschritt, gar Elektrizität gehörten nicht zu seinem Umfeld. Manuelle Webstühle hingegen schon. Der junge Michio dachte viel und gerne nach, und seine erste Erfindung war ein mit Fußpedalen angetriebener Webstuhl aus Holz für seine Mutter, der zehnmal schneller wob als ihr bisheriges, mit den Händen angetriebenes Modell. Das gefiel nicht nur der Mutter, sondern auch den Nachbarn, und schließlich verbreitete es sich in der ganzen Provinz, sodass Suzuki 1909 als 22-Jähriger im elterlichen Haus seine Firma für Webstühle gründete. Mehrere Patente folgten, der Ruf Suzukis wurde immer besser und lauter, 1920 Umwandlung in eine Aktiengesellschaft, ab 1930 Export eines Lochkartenwebstuhls für Sarongs (Wickelröcke, hauptsächlich für Männer) in den kompletten südostasiatischen Raum. Michio Suzuki war aufgestiegen, vom Baumwollpflanzersohn zum renommierten Eigentümer einer großen Webstuhl-Fabrik.

In der Nachkriegszeit, als sich Japan aus der Asche atomarer Bombardierung durch die Amerikaner neu erfinden musste und mehr zu leisten hatte als nur Textilindustrie, war Michio Suzuki in seinem Element. Japan industrialisierte sich, und Suzuki tat dies auch. Während andere Automobilfirmen teure Limousinen für die Oberschicht und Geländewagen für Militär und Behörden entwickelten, beschäftigte sich Suzuki mit fahrbaren Mikroben für das Volk. Zunächst entwickelten seine Ingenieure einen 36-cm³-Zweitaktmotor, um ein ordinäres Fahrrad zu motorisieren (1952). 1954 benannte er seine Firma in Suzuki Kabushikigaisha (Suzuki Motor Company) um und stellte die Webstuhlproduktion ein. Michio Suzuki baute nun Motorräder, Kleinstwagen und auf deren Basis winzige Lieferwagen. Auf dem Zenit seines Erfolgs trat er 1957 zurück, blieb Vorsitzender des Aufsichtsrates, übergab aber das Zepter an seinen Schwiegersohn Shunzō Suzuki. 95-jährig starb Michio Suzuki am 27. Oktober 1982.

In seinem vorletzten Jahr als Chef der Suzuki Motor Company erschien 1955 der Kleinstwagen Suzulight mit zahlreichen technischen Innovationen: Einzelradaufhängung, vorne doppelte Querlenker, Schrauben- statt Blattfederung, Zahnstangenlenkung. Konstruktiv war er seiner Zeit damit um zehn Jahre voraus und avancierte zum Trendsetter des japanischen Kei-Car-Booms.

Der Chef und seine Versuchsingenieure: Michio Suzuki (Mitte) mit seinen Mannen bei Testfahrten mit Suzulight-Prototypen 1954.

Rein innerjapanisch: das Kei-Car

Kei-Car (japanisch 軽自動車) heißt übersetzt »Leichtautomobil« und bezeichnet nicht nur eine Fahrzeuggattung, sondern auch eine gesetzliche Vorgabe. Japan ist ein Land mit wenig Platz, und wer ein ausgewachsenes Auto zulassen möchte, muss einen Stellplatz nachweisen, was dort sehr teuer ist. Gerade in japanischen Großstädten sind Stellplätze schwieriger zu bekommen als Wohnungen, und die sind schon kaum zu haben. Kei-Cars sind wegen ihre Winzigkeit von dieser Regelung ausgenommen, außerdem wird ihr Erwerb und Unterhalt staatlich gefördert. Heute sind rund 40 Prozent aller Neuzulassungen in Japan Kei-Cars. Sie müssen gewisse Voraussetzungen erfüllen, die sich im Laufe der Jahre verändert haben. In den 50ern durfte ein Kei-Car maximal 3 Meter lang und 1,3 Meter breit sein, als Viertakter 360 und als Zweitakter 240 cm^3 Hubraum haben. Zudem gibt es in Japan, der allgemeinen Platznot geschuldet, tatsächlich Straßen, die nur für Kei-Cars befahrbar sind. Für ein »normales« Auto sind sie zu schmal.

Suzuki war der erste, der ein Kei-Car produzierte und daraus sogar einen Lieferwagen entwickelte, also einen Kei-Van. Mit dem LJ etablierte Suzuki 1970 sogar einen Geländewagen als Kei-Car, und auch den Nachfolger SJ/Samurai sollte es in einer Kei-Car-Version geben. Kei-Cars sind eine rein innerjapanische Angelegenheit, und es hat auch nie einen ausländischen Hersteller gegeben, der im Kei-Car-Segment Fuß fassen konnte. Daimler versuchte es 2001 mit einer speziellen Version des Smart Fortwo, dem Smart K (schmaler, kürzer und mit weniger Hubraum als normalerweise), nach drei Jahren wegen Erfolglosigkeit aufgegeben. Exportiert werden Kei-Cars nicht. Zwar basieren manche in Deutschland im Laufe der Zeit angebotene Japaner auf Kei-Cars (Daihatsu Cuore und Copen, Suzuki Wagon R), aber sie tragen hier größere Motoren, der Wagon R

Einfach nur süß. Und einfach der kleinste Audi TT, den es je gab: Daihatsu Copen, ein echtes Kei-Car als Roadster, in Deutschland 2004/05 mit 68 PS aus 660 cm^3 angeboten, nur als Rechtslenker, dann bis 2010 als Linkslenker mit 87 PS aus 1,3 Litern. (Foto: Daihatsu)

als Wagon R+ sogar eine etwas breitere Karosserie. Die Kei-Car-Varianten des Suzuki LJ und SJ wurden nie exportiert. Einzig Honda brachte Ende der 60er Jahre den Honda N360 auf den westdeutschen Markt, rund 1000 Exemplare. Hauptsächlich gekauft wurde er aber als Honda N600, und der war schon wieder kein Kei-Car.
Kei-Cars sind in Japan also ein wichtiger Markt, und wegen des oftmals mangelnden Stellplatznachweises werden sie nicht aus Kostengründen, sondern alleine aus der praktischen Notwendigkeit heraus gekauft. Weil das Geld nicht die Fahrzeuggröße bestimmt, investiert der Kei-Car-Käufer heute in Luxus: Die Winzlinge tragen teilweise ausgefallene Extras, fast immer spannende Karosserieanbauteile und die leckersten Alus der angesagten Produzenten. Leder-Innenausstattung, Klimaanlage und viel Elektronik-Firlefanz wie Navi-Monitore im Heimkino-Format sind im Kei-Car nichts Besonderes. Rollermobile gab es im Nachkriegs-Europa auch, entsprechend dem Wunsch des Motorradfahrers nach einem Dach über dem Kopf. Aber spätestens Ende der 60er Jahre, als tatsächlich jeder vom Wohlstand profitierte, war diese Phase zu Ende. In Japan dauert sie bis heute an – aus praktischen und legislativen, nicht aus finanziellen Gründen.

Suzuki verwirklicht bis heute intelligente Fahrzeugkonzepte. Der Wagon R ist ein Kei-Car als Micro-Van, und seine etwas verbreiterte Version Wagon R+ auf Basis des zweiten Wagon R (1998 bis 2003) kam nicht nur made in Ungarn nach Europa, sondern wurde auch von Opel als Agila A mit hauseigenen Motoren adoptiert. (Foto: afs)

Die Nummer Eins, das erste Suzuki-Auto: Suzulight SS von 1955, noch mit den großen 16-Zoll-Rädern, 2015 im Werksmuseum aufgenommen. (Foto: Rainmaker47)

Winzige Suzuki-Personenwagen

Der winzige Suzulight war der erste serienmäßige Suzuki. Zuvor schon hatte Michio Suzuki mit dem automobilen Gedanken gespielt und 1937 einen britischen Austin Seven erworben und untersucht. Auf dessen Basis entstanden innerhalb von zwei Jahren diverse Prototypen, doch der Kriegsausbruch vereitelte weitere Arbeiten daran. Immerhin kam es zu einem selbst konstruierten, für damalige Verhältnisse fortschrittlichen Vierzylinder-Viertaktmotor mit Wasserkühlung, Kurbelgehäuse und Getriebe aus Aluminium, 800 cm^3 Hubraum mit 13 PS.

Automobile wurden von der japanischen Regierung als nicht kriegsnotwendig deklariert, Suzuki produzierte weiterhin Webstühle. Doch der Baumwollmarkt geriet Anfang der 50er Jahre wegen des Korea-Krieges in eine existentielle Krise, Michio Suzuki nahm seine automobilen Überlegungen wieder auf und gab seiner Firma den neuen Namen Suzuki Motor Company.

Der Suzulight, ab Januar 1954 entwickelt und im Oktober 1955 erschienen, war seiner Zeit weit voraus: Frontantrieb, unabhängige Aufhängung aller vier Räder mit Schraubenfedern, Zahnstangenlenkung. Der Suzulight SF verfügte über einen vorn gegabelten Zentralrohrrahmen, der mit einer Plattform verschweißt war. Man sagt, der deutsche Lloyd habe Pate bei der Entwicklung gestanden,

Wer den Lloyd aus Bremen kennt, erkennt im ersten Suzulight einen Klon desselben. Die Karosserielinie und der -schmuck, ja sogar die Form der Felgen und Radkappen sehen sehr nach Lloyd aus, aber die Proportionen sind anders. Der Suzulight ist kürzer und schmaler. (Foto: Rainmaker47)

Die zweite Suzulight-Generation, der TL ab Sommer 1959. Von ihm existierte keine Stufenheckversion. Der kleine Kombi wurde nach denselben Vorgaben wie der britische Mini konstruiert: an jeder Ecke ein Rad, quer eingebauter Frontmotor mit Frontantrieb, größtmöglicher Innenraum bei kleinstmöglichen Außenabmessungen. (Foto: Rainmaker47)

Auf dem TL basierte der Fronte FEA, die Personenwagen-Version von 1965. (Foto: Rainmaker47)

und die optische Gestaltung des Suzulight bestätigt diese These.
Die Karosserie bestand im Gegensatz zu der des Lloyd aus Stahlblech. Ganz der Lloyd, war beim Suzulight der luftgekühlte Zweizylinder-Zweitakter (360 cm³, 21 PS) quer eingebaut. Das Dreigang-Getriebe wurde über eine Lenkradschaltung betätigt – also viele technische Attribute, die zu dieser Zeit und erst recht in dieser Wagenklasse keineswegs üblich waren.
Das Autochen, gezeichnet von Michio Suzuki himself, war 2990 mm lang, 1295 mm breit und 1400 mm hoch, bei 2000 mm Radstand (Radstand und Höhe identisch zum Lloyd, aber schmaler und kürzer, somit andere Proportionen). Es entsprach also ebenso den japanischen Kei-Car-Vorgaben wie dem Wunsch des japanischen Verkehrsministeriums, die heimische Industrie solle derartige Kleinwagen zur Volksmotorisierung entwickeln, viersitzig, 100 km/h schnell und ¥ 150.000 teuer.
Es gab den Suzulight in vier Karosserieformen: Der Suzulight SS war die normale, viersitzige Limousine mit Stufenheckkarosserie, SL hieß die karosseriegleiche Lieferwagenversion ohne Rücksitzbank, SD ein Lieferwagen mit Kombiheck und der SP war ein Pick-up. Erste Überarbeitung bereits 1956: zwei Mehr-PS, die Schraubenfedern, mit den fiesen japanischen Straßenverhältnissen überfordert, wichen zwei quer gestellten Blattfedern, 14- statt 16-Zoll-Räder. Bis Juli 1959 wurde der erste Suzulight gebaut, und alle Suzuki-Kleinwagen bis 1969 trugen die Bezeichnung »Suzulight«, erst danach wurden sie zu Suzukis.
Die zweite Suzulight-Generation erschien im Juli 1959 mit dem Typ TL, und auch der war seiner Zeit voraus. Er trug optisch eine Kombikarosserie (Design: Tadaaki Mizuki) à la Austin / Morris Mini oder Austin A40 Farina, die zur gleichen Zeit erschienen, war wie diese ein Viersitzer, und die Kombikarosserie garantierte den hinten Sitzenden halbwegs Kopffreiheit. Zudem war die Rücksitzbank umklappbar und hinten gab es eine große Heckklappe. Der 360-Kubik-Motor leistete nun 21 PS.
Der Taifun Vera zerstörte im November 1959 die Fabrik, Suzuki baute rasch eine neue, größere, die viel mehr als die ursprünglich veranschlagten 200 Fahrzeuge monatlich ausspucken konnte, und so

Der TLA im Sportdress: Suzuki ließ seinen Kleinen beim Großen Preis von Japan in Suzuka 1962 rennen, wo er in der Minicar-Klasse auf die Ränge 1, 2 und 4 kam. (Foto: Rainmaker47)

Ein 1965er L20 Pick-up, also der Suzulight Carry. Dieses konkrete Fahrzeug wurde zusammen mit der Asahi-Bierbrauerei konstruiert (und ist entsprechend im Werksmuseum drapiert), sodass die Pick-up-Wanne genau auf die Größe der Bierkästen abgestimmt ist. Die Asahi-Brauerei ist bedeutend, die siebtgrößte Brauerei weltweit, auch in Deutschland vertreten. Die Traditionsbrauerei Pilsner Urquell in Pilsen gehört seit 2017 zum Asahi-Konzern. (Foto: Rainmaker47)

Weg vom Ein-Fahrzeug-Sortiment: Mit dem Suzulight Fronte TLA ab März 1962 hatte Suzuki einen größeren Wagen im Programm, fast schon kleine Mittelklasse, hübsch und modisch gezeichnet, ein wenig mit dem DKW Junior vergleichbar. Im Bild ein 1965er Modell im Motorcar Museum of Japan in Futatsunashicho. (Foto: Kzaral)

Öffentlichkeitswirksames Marketing: Suzuki engagierte den britischen Grand-Prix-Fahrer Stirling Moss, der einen roten Suzuki Fronte SSS über die Autostrada del Sol von Mailand über Rom nach Neapel mit 122,44 km/h Durchschnittstempo prügelte. Äußerst beachtlich!

Parallel zum Personenwagen LC10 produzierte Suzuki den Kleinlieferwagen LS10 mit Frontmotor und Heckantrieb sowie hinterer Starrachse mit Blattfedern, also eine völlig andere Konstruktion. Auch die eckig gehaltene Karosserie ließ jede Familienähnlichkeit vermissen. Die beiden teilten lediglich den Motor. (Foto: Rainmaker47)

Der nächste Fronte, seiner Karosserielinie wegen »Sting-Ray-Fronte« genannt, kam zum Modelljahr 1971, mit Schrägheck ganz im Stile der Zeit, wegen des Heckmotors natürlich hinten keine große Klappe. Im Bild ein Fronte GL/W, mit 34 PS ganz schön potent. (Foto: TTNIS)

wurden vom Suzulight TL bis zu 1500 Exemplare im Monat gebaut. Suzuki überarbeitete den TL beständig, und die Massenproduktion machte ihn immer preiswerter (das gleiche Prinzip wie beim VW Käfer). 1962 voll synchronisiertes Vierganggetriebe, 1963 horizontal zweigeteilte Heckklappe. Neu konstruierter Motor mit den gleichen Hubraum- und Leistungsdaten im März 1963, der Zweitakter nun mit Frischölautomatik (man musste an der Tankstelle nicht mehr Öl und Kraftstoff mischen, DKW in Westdeutschland setzte ein ähnliches Verfahren zwei Jahre früher ein). Den zweiten Suzulight gab es bis Januar 1969.

Weit früher, im März 1962, ergänzte Suzuki den Suzulight TL durch den Suzulight Fronte TLA. Die Typbezeichnung insinuiert Frontantrieb, aber das Heckantriebslayout blieb bestehen. »Fronte« bedeutete Suzukis Anspruch, bei den Kei-Cars in Japan in Front zu sein. Während der TL eher Nutzfahrzeugcharakter aufwies, war der Fronte ein reiner Personenwagen, technisch auf dem TL aufbauend, aber mit hübscher gezeichneter Karosserie, das Fahrwerk weicher abgestimmt, die Ausstattung kommoder. Der Fronte TLA wurde bis 1967 gebaut.

Nach oben strebte Suzuki ab Dezember 1965 mit dem Fronte 800, nun nicht mehr als Suzulight, sondern als Suzuki vermarktet. Weiterhin ein Zweitakter, aber dreizylindrig, 785 cm^3, 41 PS, 115 km/h schnell, Einzelradaufhängung mit Torsionsstabfederung, vorne Dreieckquerlenker, hinten Längslenker, in der Größe und im Anspruch vergleichbar mit dem DKW Junior, Karosseriestyling vom Suzuki-Chefdesigner Sasaki Toru mit die Horizontale betonender Gürtellinie und Panorama-Heckscheibe.

Der Fronte 800 litt unter seinem Zweitakter, der Toyota Publica war der direkte Konkurrent und hatte einen Vierzylinder-Viertaktmotor. Mit dem Fronte 800 erreichte Suzuki allenfalls Aufsteiger aus der Kei-Car-Klasse. Bis 1969 wurden nur 2717 Exemplare gebaut. Zu dieser Zeit hatte Suzuki längst anderes im Sinn, einen kleinen Allradwagen, eine Konstruktion, welche die Hope Motor Co. entwickelt hatte, bevor sie von Suzuki absorbiert wurde.

Aber natürlich ging die 360-cm^3-Kei-Car-Ära bei Suzuki weiter. Noch während der zweite Suzulight, der TL, gebaut wurde, erschien im Mai 1967 eine Neukonstruktion, der Suzuki Fronte 360 (Typ LC10) mit Heckmotor und winzigen 10-Zoll-Rädchen. Damals hatten viele japanische Hersteller ein Kei-Car im Programm: Mitsubishi Minica, Honda N360, Daihatsu Fellow, Subaru 360; Toyota und Mazda waren nicht in diesem Segment vertreten.

Der Fronte war ein rundlich gezeichneter Wagen mit Andeutungen des damals in den USA aufkommenden Coke Bottle Style, rundum unabhängige Radaufhängung, Schraubenfedern, im Heck ein neu konstruierter 356-cm^3-Dreizylinder mit Luftkühlung, Vierganggetriebe. Das Layout mit Heckmotor und Heckantrieb war für Suzuki völlig neu, entsprach aber der Kei-Car-Norm der Zeit – auch wenn diese Umstellung aus heutiger Sicht anachronistisch wirkt. Der Fronte war ein großer Erfolg, Suzuki musste seinetwegen eine neue Fabrik eröffnen, um die Nachfrage stillen zu können. Gebaut wurden 8000 bis 10.000 Fahrzeuge monatlich.

Im November 1968 ergänzte der Fronte SS mit 36 PS bei hoch drehenden 7000 Touren die Palette, noch sportlicher war der Fronte SSS ab April 1970. SS und SSS waren »Power-Kei-Cars«, die flottesten Kei-Cars am Markt, und der SSS verfügte sogar über einen Drehzahlmesser. Ein toller Marketing-Gag war die Fahrt zweier Fronte SS, ein roter mit Stirling Moss am Steuer und ein gelber, gesteuert vom Motorradrennfahrer Mitsuo Itoh, auf der italienischen Autostrada del Sol von Mailand nach Neapel. Die beiden Kleinen schafften ein Durchschnittstempo von 122,44 km/h!

Für den italienischen und andere Exportmärkte baute Suzuki eine 500-cm^3-Version des Fronte mit 29 PS, Debüt: Brüsseler Salon 1970. Doch dieser Kleine konnte sich auf dem europäischen Markt noch nicht durchsetzen. Die Zeit von Suzuki war in Europa noch nicht gekommen. Produktion des Fronte LC10 bis Oktober 1970. Parallel zum LC10 gab es eine Nutzfahrzeugversion, den LS10 mit Frontmotor und Heckantrieb sowie hinterer Starrachse mit Blattfedern, also eine völlig andere Konstruktion, die mit dem Limousinchen nur den Motor teilte.

Die dritte Fronte-Generation, der Suzuki Fronte 71 oder auch »Sting Ray Fronte«, erschien im November 1970, wieder mit Heckmotor und -antrieb, Luft- oder Wasserkühlung, teilweise sehr sportlich mit bis zu 37 PS, ergänzt im September 1971 durch das Fronte Coupé mit Design von Giugiaro. Nun sind wir in der Zeit angelangt, in der Suzuki bereits Geländewagenproduzent geworden war. Der Suzuki LJ lief ab 1970 vom Band, ebenfalls ein Kei-Car, aber mit Four Wheel Drive, und seinen Motor erbte er vom Fronte. Einen Suzuki Fronte sollte es übrigens bis 1989 geben, Suzuki setzte aber bereits seit 1979 auf den Alto in der kleinen Klasse, der auch in Europa erfolgreich war.

Das damalige Suzuki-Topmodell, das Fronte GX Coupé von 1971.Gezeichnet von Giorgio Giugiaro, dem damals angesagtesten Designer Europas, der für Suzuki auch den Kleintransporter Carry L40 von 1969 stylte. Das Coupé war der absolute »Kei-Hero« mit einer Literleistung von über 100 PS, nämlich 37 PS aus 356 cm^3. Damit war der Heckmotor-Flitzer so groß wie ein Mini und so potent wie ein Mini Cooper, aber er sah aus wie ein geschrumpfter Gran Turismo. (Foto: Rainmaker47)

Kapitel 2: Vom Hope Star zum Eljot: Suzuki setzt auf 4x4 und erobert Europa

Er war die Einstiegsdroge. Er war einer, der auszog, die automobile Welt zu verändern. Und gleichzeitig war er der kleine Hüter japanischer Gesetze. Der Suzuki LJ 80 ist schuld. Am Off-Road-Boom, denn er war ein Trendsetter und brachte die 1980er Spaß-Generation auf den Geländewagen, dem sie heute noch treu ist – wenngleich aus dem Geländewagen im Verlaufe der Zeit das SUV geworden ist.
Alleine schon der Krimi um den Namen ist vielen Deutschen noch in Erinnerung, denn die Namen »Jipsy«, »Eljot« oder »Quattro« sollte der Suzuki LJ nur hier tragen – Markennamen, die sich der deutsche Importeur ausgedacht hatte. Es war der erbitterte Kampf zweier Elternpaare um den Namen ihrer Kinder. Beide Familien waren weder verwandt noch verschwägert. Ihre Kinder waren so unterschiedlich, wie Kinder nur sein können, aber beide süß. Das eine Kind der Familie Suzuki war ein klitzekleines Geländeauto. Das andere Kind der Familie Disney war ein Trickfilm-Drache. Beide trugen den zwar gleich ausgesprochenen, aber anders geschriebenen Namen: Suzuki Eljot und Elliot das Schmunzelmonster.
Das Auto wurde später getauft als der Drache, und Papa und Mama Suzuki glaubten, sie könnten ihr Kind – zumindest in Westdeutschland – ungestraft Eljot heißen, weil niemand einen Mini-Offroader mit einer Comicfigur verwechselt. Aber Vater Disney, der alte Walt, sprang vor den Kadi, beharrte auf seinem eingetragenen Warenzeichen, und Suzuki musste seinen Jüngsten das zweite Mal umtaufen: Zuvor, im Mai 1979, war Suzuki nämlich schon an »Jipsy« gescheitert, noch vor der Präsentation auf der IAA.
Jipsy in Anlehnung an Jeep und Gipsy, das englische Wort für Zigeuner. Aber sofort kamen andere Eltern auf den Plan, aus Osnabrück: Familie Karmann hatte sich Gipsy (mit »G« geschrieben, aber gleich ausgesprochen) längst schützen lassen und nannte VW-Wohnmobile so, und Papa und Mama Suzuki ließen sich »Eljot« einfallen, wie schon erwähnt ebenfalls ein Flop.
Der dritte Name für das Kind lautete, sehr nahe liegend, »Quattro«. Und wieder zog Suzuki den Kürzeren. Man könnte meinen, Suzi Quatro, in den 70ern populäre US-Rockröhre, hätte interveniert. Dabei wäre »Suzi Quattro« genial für den kleinen Suzuki gewesen ... Nein, Audi fühlte sich echauffiert. Die Ingolstädter brachten ihren Quattro zwar erst später (Präsentation März 1980 auf dem Genfer Salon), hatten sich den Namen aber längst schützen lassen und protestierten energisch gegen Suzukis Namensabsichten. Also wieder nichts!
Suzuki Deutschland war frustriert und enerviert wegen der Namensgebungsschwierigkeiten. Das Auto hätte Anfang 1980 am Markt sein können, aber Probleme des Namensrechtes verzögerten

Elliot das Schmunzelmonster verzauberte als Disney-Film 1977 die Kinder der Welt und ihre Eltern im Kino. Suzuki Deutschland hingegen fand es gar nicht zauberhaft, dass der mächtige Disney-Konzern der kleinen Münchner Importgesellschaft Anwälte auf den Hals hetzte und gegen den Namen »Suzuki Eljot« vorging.

den Verkaufsbeginn. Man konnte keine verbindlichen Prospekte drucken lassen und keine Werbung schalten, solange nicht geklärt war, wie das Auto denn heißen solle. Resigniert wurde aus Jipsy, Eliot und Quattro prosaisch LJ, wobei »Eljot« ja nichts anderes ist als die phonetische Schreibweise der beiden Buchstraben »LJ«. »LJ« spricht man also gleich aus, aber schreibt es anders. Und »LJ« hieß der kleine Suzuki-Geländewagen in Japan ohnehin seit seiner Geburt. Disneys, Karmanns und Audis waren also zufrieden, und der kleine Suzuki machte sich auf, die Welt und das Konsumverhalten ihrer Bewohner zu verändern.

Das tat er nachhaltig. Er vermittelte gnadenlosen Spaß und sah so süß aus, und überdies war er preiswert und praktisch. Er war ein echter Geländewagen, aber eben im Westentaschenformat. Er brachte viele Menschen überhaupt erst dazu, einen Offroader zu fahren. Viele von ihnen blieben der geländegängigen Sparte treu, viele fuhren danach etwas Größeres, aber viele, ganz viele haben mit dem LJ angefangen. Das war 1980, als Suzuki mit dem Mini hier Fuß fasste und gleich den Namensstreit zu bewältigen hatte (Europa-Präsentation IAA im September 1979). Damals war der LJ bereits am Ende seiner Laufbahn, seine Evolution hatte er vollständig im Mutterland erlebt. Geboren wurde er nämlich schon Ende der 60er Jahre. Sein Ahn geht auf das Jahr 1967 zurück, hieß aber noch nicht Suzuki.

Als Suzuki Deutschland den LJ lancierte und laut über »Jipsy« nachdachte, produzierte Karmann im Werk Rheine die letzten Exemplare des Alkoven-Wohnmobils auf Basis VW T2b unter dem Namen Gipsy und untersagte Suzuki, »Jipsy« zu verwenden. Mit viel Phantasie konnte man Karmanns Befürchtungen nachvollziehen. Aber eine Verwechslung zwischen einem Geländewagen und einem Comicdrachen war schlichtweg lächerlich.

Kurz vor der Präsentations-IAA: Suzuki wirbt für den Jipsy, wie er damals noch hätte heißen sollen, und sucht Händler: »Der Jipsy steht Ihrem derzeitigen Fabrikat nicht im Wege. Er ist ein echtes Zusatzgeschäft.« Werbung, der AMS vom 12. September 1979 entnommen.

Suzuki warb nach der Zwangspause wegen der Namensstreitereien mit »Hoppla, da bin ich wieder« und mit immerhin 109 akquirierten Händlern im Frühjahr 1980. Werbung, der AMS vom 26. März 1980 entnommen.

Der Anfang war schwierig

Suzuki Deutschland musste nicht mit Nichts anfangen, als der LJ auf den Markt kam, sondern war gut etabliert. Aber eben als Motorradimporteur. Mit Autos hatte Suzuki Deutschland bis dato nichts am Hut gehabt. Die Importgesellschaft hatte eine gute Adresse, Ingolstädter Straße 61 in München. Die Ingolstädter Straße ist die Verlängerung der Leopoldstraße, und die ist deutschlandweit bekannt. Einen Geländewagen, und sei er noch so klein, kauft niemand beim Motorradhändler.

Suzuki tat sich schwer, nach der IAA-Deutschlandpremiere des LJ 80 ein Händlernetz aufzubauen, und warb sogar in Fachzeitschriften um Händler, die Suzuki als Zweitmarke aufnehmen sollten – mit der Begründung, dass der LJ 80 zu keinem anderen Auto eine Konkurrenz darstelle, sondern in einem automobilen Haushalt einen idealen Zweitwagen und deshalb bei einem etablierten Händler eine ideale Zweitmarke darstelle. Aber damals gehörte es zu einem Händlervertrag, keine Zweitmarke vertreiben zu dürfen. Also fand Suzuki in erster Linie freie Händler und Werkstätten sowie inhabergeführte Tankstellen als Verkaufsstützpunkte. Für den LJ 80 alleine lohnte es sich für niemanden, ein Autohaus zu bauen.

Außerdem lief die Premiere nicht rund. Der Streit um die Namen verzögerte den für Herbst 1979 geplanten Marktstart bis ins Frühjahr 1980. Dann warb Suzuki damit, er sei »wieder da« (war er vorher weg? Immerhin war er ja noch nie so richtig da gewesen) und bezeichnete ihn prosaisch als »LJ 80«. So hieß offiziell nur der offene Wagen. Mit Planenverdeck trug er das Kürzel LJ 80Q, der Van hieß LJ 80V und der kleine Pritschenwagen war der LJ 81. Die beiden letzteren gab es in Westdeutschland nicht offiziell, durchaus aber in den Benelux-Staaten oder auf der britischen Insel. »Graue« Importeure brachten sie auf Wunsch auch nach Deutschland.

Die Auto Motor Sport besorgte sich bereits im April 1979 einen in Japan zugelassenen hellblauen Eljot mit weißen Felgen. Claus-Peter Becker testete die »Wüstenmaus«, nachzulesen auf drei Seiten in Heft 13 vom 20. Juni 1979. Zunächst zitiert er den Suzuki-Marketingmann Manfred Baecker, der optimistisch befürchtet, dass Suzuki gar nicht so viele LJ werde liefern können, wie er beabsichtigt, ab 1. Januar 1980 zu verkaufen. Da sollte er noch gar nichts verkaufen können, erst im April kamen die ersten LJ nach Westdeutschland. Suzuki Deutschland (genauer: die Suzuki Motor Handels GmbH) hatte einen Riesenvorteil: Die Firma gehörte damals nicht Suzuki selbst, sondern zu gleichen Teilen dem niederländischen Suzuki-Importeur Louwman und dem Münchner Otto de Crignis, und der hatte in München auch eine British-Leyland-Vertretung, wo er Range Rover und Land Rover verkaufte. Somit hatte er ein Gespür für die DNA des Geländewagenkäufers. 1984 gab es die Trennung zwischen dem Suzuki-Motorrad-Import, fortan mit Sitz in Heppenheim an der Bergstraße und mit japanischem Management, und dem -Fahrzeug-Import in München.

Becker ordnet den Suzuki soziologisch ein: mit 12.500 D-Mark erschwinglich auch für jene, »die nicht das Glück hatten, ein Landgut zu erben«, zumal sie für den LJ nur 800 cm³ versteuern und 41 PS versichern mussten – ein idealer »Zweiter« also. Die karge Ausstattung sei Programm, so Becker, die Passagiere seien von nacktem Blech umgeben und der Überrollbügel sei notwendig, einerseits zum Überrollen, andererseits, um Gurte zu befestigen. Die Armaturen beschränkten sich auf das Notwendige, Tacho, Benzinuhr und Anzeige für die Wassertemperatur. Man kennt diesen Minimalismus von Käfer (bis auf die Wassertemperaturanzeige natürlich!).

Vorne sitzt man gut, konstatierte der Tester, und die hinteren Passagiere »sollten schon eine reichliche Portion Offroad-Enthusiasmus mitbringen« (sie saßen auf zwei quer angeordneten Klappschemeln). Aber wer fährt im LJ 80 schon zu viert? Und wer fährt ihn geschlossen? Das Klappverdeck gewährte Schutz vor den übelsten Unbilden des Wetters, war aber nicht wasserdicht, bei Kälte entwich die Heizwärme nach draußen und schon bei normalem Fahrttempo flatterte es so verwegen, dass dies alle anderen Fahrgeräusche und die Innenraumkonversation übertönte.

Den Motor lobte Becker, eine feine Konstruktion mit »brillanter und teurer Technik«, fünffach gelagerte Kurbelwelle mit Gegengewichten, am vorderen Ende eine Sichelpumpe zur Aufrechterhaltung des Ölkreislaufs, Alu-Zylinderkopf nach Querstromprinzip (Einlass auf der einen und Auslass auf der anderen Seite), Nockenwellenantrieb via Zahnriemen, und die inneren Abmessungen des Vierzylinders »wirken wie aus dem Zwergenreich«: 62 mm Zylinderbohrung, 66 mm Kolbenhub, immerhin ein maximales Drehmoment von 60 Nm bei 3500 Umdrehungen. Eine Geräuschdämmung gab es nahezu nicht.

Jedem Rad billigte Suzuki also zehn Pferdestärken zu. Im Normalfall ist Suzilein heckgetrieben, mittels eines zweiten Schalthebels können Vorderradantrieb und Geländegang zugeschaltet werden. Der Test wurde in Japan und in Jugoslawien absolviert, Becker hatte seine helle Freude am Auto, das trotz des winzigen Radstandes gut geradeaus fährt. Kurioserweise widersprach sich Becker selbst im zweiten AMS-Test, erschienen am 3. Dezember 1980, worin er dem Wagen einen »schlechten Geradeauslauf« konstatierte.

Abseits der Straßen, so lobte Becker im ersten Test, könne der damals noch »Jipsy« genannte LJ 80 »erstaunliche Kletterübungen durchführen«, er sei »mindestens so begabt wie ein ausgewachsener Kollege«. Was Becker nicht erwähnte: Die ausgewachsenen Kollegen waren schwer und benötigten ihre Kraft, um ihr Gewicht zu bewältigen. Suzilein hingegen war leicht wie eine Feder und hoppelte munter über die Hindernisse hinweg. Dafür reichten 41 PS allemal.

Der Volkswagen Kübelwagen im Zweiten Weltkrieg hatte sogar nur 25 PS und nicht mal Vierradantrieb, und dennoch war er, seiner Leichtigkeit wegen, den meisten ausgewachsenen Militärgeländewagen überlegen. Er war einfach zu leicht, um einsinken zu können. Und sank er ein, so reichten zwei Mann, um ihn wieder flott zu bekommen. Der Suzuki kämpfte mit seiner Winzigkeit also gegen die strukturelle Crux tradierter Geländewagen an, die Gewicht mit Kraft kompensierten. Der LJ kompensierte kleine Leistung mit kleinem Gewicht.

In einer ihrer ersten Ausgaben befasste sich die Geländewagen-Fachzeitschrift Off Road im Januar 1980 mit dem LJ 80 und fuhr sowohl ein Serienexemplar als auch einen superbreiten LJ, ausgestattet vom Geländewagen-Shop in Völklingen. Wie die Auto Motor Sport, so musste sich auch die Off Road einen Testwagen »besorgen«, denn Suzuki Deutschland hatte in der LJ-Frühzeit, also direkt nach der IAA 1979 und bis weit ins Jahr 1980 hinein, keinerlei Testwagen zur Verfügung. Dennoch waren erste Fahrzeuge ins Land gekommen, über Graue Importeure, die sie in Belgien besorgt hatten und billiger anboten, als Suzuki Deutschland dies plante (was für Verstimmungen sorgte). Für die Vermarktung war es von Nachteil, dass zwischen der Pressepräsentation im Mai 1979, der Publikumspräsentation auf der IAA im September 1979 und dem Verkaufsstart fast ein Jahr lag.

In seinem an Fritz B. Busch erinnernden Schreibstil konstatierte Off-Road-Tester Kasimir Kardan (bürgerlicher Name: Klaus Kulkies), der LJ 80 vereine zwei Autos in einem, einen praktischen Flitzer für die Stadt (als den ihn ohnehin die meisten Neuwagenkäufer sahen) und einen veritablen Geländewagen: »Der Suzuki ist im Gelände absolut großartig. Je schwieriger der Boden, desto leichter tut er sich.« Was Becker in der Auto Motor Sport nicht erklärt hatte, thematisierte Kulkies: Die sinnstiftende Leichtigkeit des Seins. Gut auch: Die hohe Position des Motors über der Vorderachse, die dadurch auch gleich die Ölwanne vor Felsbrocken schützt.

Kulkies ordnete Suzilein auch im automobilen Umfeld ein: Sie mache mehr Spaß als der Lada Niva, weil dieser geschlossen sei, und konkurriere in Westdeutschland nicht mit dem Citroën Méhari 4x4, weil der hierzulande nicht angeboten werde. Für Kulkies ist der LJ 80 »der größte Fahrspaß des Jahres 1980« – immer unter der Voraussetzung, dass Suzuki Deutschland »nach neun Monaten eindrucksvoller Vorturnübungen« endlich mal zu Potte komme.

War der Vermarktungsanfang auch schwierig, so verkaufte sich der LJ 80 wie warme Semmeln. Im ersten Dreivierteljahr seines Hierseins in Westdeutschland, also ab April 1980, setzte Suzuki fast 5000 LJ 80 ab, bis zum Produktionsende 1983 wurden es rund 15.800 Fahrzeuge. Der definitive Preis während seines ersten Verkaufsjahres betrug 12.500 D-Mark nackt und 13.438 D-Mark mit Verdeck und Türen, somit der billigste Allradler am Markt und überhaupt eines der wenigen originellen Autos zu einem erschwinglichen Preis. Überdies, in Zeiten der zweiten Erdölkrise 1979/80, ein Fahrzeug mit geringem Verbrauch (rund 10 Liter auf 100 Kilometer schlürfte der LJ 80 durch seinen japanischen Mikuni-Vergaser, was damals noch als verbrauchsarm galt).

Fahrbericht

Suzuki LJ 80

Wüstenmaus

Winziger Geländewagen der japanischen Motorradfirma Suzuki.

Fragen Sie mich nicht, wieviel wir davon verkaufen können, fragen Sie mich lieber, wieviel die Japaner liefern können, denn darauf kann ich Ihnen klar antworten – zu wenig."

So optimistisch sieht Manfred Baecker, 44, Marketing-Mann der deutschen Vertriebsgesellschaft des japanischen Motorradproduzenten Suzuki in München, das Geschäft der achtziger Jahre.

Suzuki Deutschland will vom 1. Januar 1980 an auch mit den vierrädrigen Produkten seines fernöstlichen Zulieferers Gewinn einfahren, unter denen sich ein Mini-Geländewagen mit Allradantrieb als potentieller Verkaufsschlager ausmachen ließ.

„Das Ding ist maßgeschneidert für den Freizeitmarkt der Zukunft", führt Baecker seine optimistische Prognose weiter. Otto de Crignis, 38, Eigner von Suzuki Deutschland und einer British Leyland-Vertretung in München: „Wir sind mit Rover seit zehn Jahren in diesem Geschäft und wissen ganz genau, was da im Moment läuft."

Das Auto, von dem sich das Münchner Management herrliche Zeiten verspricht, ist denn auch durchaus in der Lage, diese zu bescheren. Denn der Suzuki LJ 80 wendet sich an eine bislang darbende Zielgruppe.

Zu einem Preis von rund 12 500 Mark macht das Geländeauto ein Mitschwimmen auf der aktuellen Allrad-Welle erschwinglich. Überdies gilt es, nur 800 cm³ zu versteuern und 40 PS zu versichern.

Der Spaß am Geländespiel wird damit auch jener Mehrheit zugänglich, die nicht das Glück hatte, ein Landgut zu erben.

Dieses erfreuliche Angebot übrigens macht der japanische Motorrad-Konzern seit einigen Jahren. Nur absolvierte das Allradauto den ersten Teil seiner Karriere mit einem Dreizylinder-Zweitaktmotor hauptsächlich daheim und in Entwicklungsländern.

„Eine wirklich ausgereifte Konstruktion", lobt Shigeru Hashimoto, Export-Manager im Suzuki-Stammwerk in Hamamatsu, diesen Verkaufsartikel, der nun durch einen Vierzylinder-Viertaktmotor auch für die Kundschaft in USA und Mitteleuropa genießbar gemacht wurde. ▷

Fotos: Thill

Allesüberwinder im Mini-Format: Suzuki-Geländeauto mit Allrad-Antrieb

Mit japanischem Kennzeichen: Claus-Peter Becker fuhr einen LJ 80 in Japan und in Jugoslawien und sah darin einen »potenziellen Verkaufsschlager«. Recht sollte er behalten! Gleich im ersten Verkaufsjahr 1980, das erst im April begann, setzte Suzuki 5000 Exemplare in Westdeutschland ab. Fahrbericht in der AMS vom 20. Juni 1979.

Die Karosserie sehr einfach, nur mit abgekanteten Blechen, dafür feinste Offroad-DNA darunter: Vom Hope Star ON 360 entstanden in manueller Fertigung 15 Stück. Dann griff Suzuki zu und erwarb die Konstruktion. Die Firma Hope Motors kaufte Suzuki allerdings nicht. Die dümpelte weiter vor sich hin und konzentrierte sich fortan auf Spielzeug.

Der Hoffnungsstern

Hope Star, Hoffnungsstern. Das war der Name eines einzigartigen Geländewagens der japanischen Hope Motor Company, lanciert Ende 1967. Er war winzig klein, orientierte sich optisch wie technisch am Willys Jeep und erfüllte die strengen japanischen Vorschriften, um als Kei-Car anerkannt zu werden – das erste allradgetriebene und geländegängige Kei-Car, eine intelligente und geniale Idee von Hope Motors. Das war eine kleine Firma, die typisch japanische Dreirad-Lieferwagen baute und letztlich nur vor sich hindümpelte.

Im Dezember 1967 präsentierte sie den Hope Star ON 360, einen kleinen Kraxler mit zugekauftem Zweizylinder-Zweitakter von Mitsubishi (360 cm^3, 21 PS). Hope hatte 100 Mitsubishi-Motoren erworben, stellte aber in den ersten Monaten 1968 gerade mal 15 Fahrzeuge fertig. Denn Hope Motors ging es schlecht, und die Firma wollte sich durch die Konstruktion des ON 360 nur als Übernahmekandidat interessant machen, um nicht Bankrott anmelden zu müssen. Mitsubishi winkte ab, Suzuki griff zu und kaufte die Konstruktion. Die Hope Motor Company, 1954 gegründet und aus einer Reparaturwerkstatt hervorgegangen, zog sich 1974 aus dem Automobil-Business zurück und konzentrierte sich fortan auf Spielzeug.

Der ON 360, ein kleiner türloser und offener Zweisitzer mit umlegbarer Windschutzscheibe und Planenverdeck, trug Original-Jeep-Felgen, unter der Fronthaube knatterte der Mitsubishi-Zweitakter, aber unten herum fand sich Geländewagen-Klassik pur: Leiterrahmen, während der Fahrt zuschaltbarer Allradantrieb, zwei starre Achsen an Blattfedern, Reduktion: lecker. Zur Größe: knapp 3 m lang, 1,30 m schmal und 1,75 m hoch; Radstand 1,93 m. Einen kleineren Geländewagen hatte es weder vorher noch später je gegeben. Suzuki entwickelte sein Adoptivkind weiter und brachte es in Japan als Suzuki Jimny anno 1970 auf den Markt. »Jimny« ist die Verkaufsbezeichnung, »LJ« die interne Typbezeichnung.

Abgarniert: Reduziert auf das Minimum ist der erste LJ 10, weder Verdeck noch Türen, die Windschutzscheibe abgeklappt. Das Reserverad ist hinter dem Beifahrersitz montiert, das Auto also ein Dreisitzer.

Aufgarniert: Im vollen Ornat präsentiert sich der 1970er LJ 10 im Suzuki-Werksmuseum. (Foto: Rainmaker47)

Suzukis erster Kei-Car-Geländefloh

Der LJ, in seiner Heimat als Jimny vermarktet, blieb wie sein Ahn, der Hope Star ON 360, dem im Lande der aufgehenden Sonne steuerbegünstigten und parkplatzfreundlichen Kei-Car-Sektor treu: Maximal 360 cm^3, höchstens drei Meter lang und 130 Zentimeter breit. 1970 kam der LJ 10 auf die Welt, und der sah schon ganz so aus wie der spätere LJ 80, den die Europäer genießen durften. Er war aber ein einheimisches Auto und hatte dementsprechend einen 359 cm^3-Zweizylinder-Zweitakter mit Luftkühlung unter der Haube, der bei wilden 6000 Umdrehungen 25 Pferdchen mobilisierte. Das Reserverad war hinter dem Fahrer verstaut, weil es, am Heck angebracht, die strenge Dreimeter-Richtlinie überschritten hätte. Also war der Jimny LJ 10 ein Dreisitzer, und das blieb so bis 1976. Zunächst hatte der Kleine Reißverschlusstüren, als LJ 10-Typ 2 dann Planentüren mit richtigen Scharnieren.

Der LJ 20 folgte 1972 und hatte nun 28 PS bei 5500 Umdrehungen und einen wasser- statt luftgekühlten Motor. Dadurch hatte der kleine Suzuki nun eine ordentliche Heizung, und prompt bauten die Ingenieure aus Hamamatsu einen LJ für alle Tage: 1972 erschien der erste Station Wagon, genannt Jimny Van: gleiches Auto, gleiche Dimensionen, aber geschlossen. 1973 folgten ein gelindes Facelift mit getrennten Stand- und Blinklichtern vorne und die noch geländegängigere Version LJ 20 VM mit grobstolligen und größeren Ge-

Was man zum Fahren braucht, aber kein Deut mehr – mal abgesehen vom optionalen Radio. Der Handschuhfachdeckel ist abschließbar; dahinter befindet sich der Griff zum Öffnen der Motorhaube. Die beiden Schalthebel hintereinander machen einen knackigen Eindruck.

Getrennte Stand- und Blinkleuchten vorne und ein wasser- statt luftgekühlter Motor: LJ 20 von 1972. (Foto: TTNIS)

Es blieb auch beim LJ 20 beim unorthodox befestigten Reserverad. Es durfte einfach nicht außen befestigt sein. Suzilein wäre sonst zu lang geworden, um Kei-Car zu sein. (Foto: Mytho88)

Erste LJs wurden zu LJ-20-Zeiten in die USA verschifft; 2010 bei einem Geländewagen-Treffen abgelichtet. Zugelassen ist der Wagen als »Historical Vehicle« im Bundesstaat Kalifornien. (Foto: Motorhide-Miwa)

ländereifen (6,0 x 16 statt 5,6 x 15 beim normalen Jimny) und entsprechend anders abgestuftem Getriebe.
Der kleine Jimny war also ein wahres Kind der japanischen Kei-Car-Gesetze und blieb ihnen auch nach 1976 treu, als Nippon die Vorschriften ausweitete. Die Grenze des Hubraums stieg von 360 auf 550 cm³, die der Länge um 20 Zentimeter und die des Gewichts um 100 auf 1400 Kilogramm. Aus dem LJ 20 wurde der LJ 50 mit nach wie vor unveränderter Karosserie, aber endlich am Wagenheck angeschlagenem Reserverad. Da gehört es hin bei einem Offroader, und nun war Platz für einen vierten Passagier hinter dem Fahrer. Ein Zylinderchen mehr gönnten die Suzuki-Eltern ihrem Kleinen fortan ebenfalls: Dreizylinder-Zweitakter mit 539 cm³ Hubraum und 26 PS. Das sind zwar zwei Pferde weniger als zuvor, aber die Leistung stand nun bei geringerer Höchstdrehzahl parat (4500 statt 5500 Umdrehungen), und vor allem brachte die Hubraumaufstockung mehr Drehmoment.
Im folgenden Jahr begann die Offensive. 1977 wollte Suzuki in den Export, vor allem nach Australien, dessen Armee Interesse zeigte, und überarbeitete den LJ 50 so, dass er nicht nur Japanern Freude machte. Die Räder wanderten durch Spurverbreiterung um 12 cm nach außen und unter der Haube werkelte nun ein Vierzylinder-Viertakter. 797 cm³ Hubraum wurden eingeschenkt, 41 PS Leistung waren drin bei 5500 Umdrehungen. Damit war der Jimny für eine Topspeed von etwas mehr als 100 Sachen gut. Von außen war der 1977er an einer aufgefrischten Optik zu erkennen: Breitere Stoßstange wegen breiterer Spur, überarbeitetes Heck mit in die Karosse integrierten Lichtern, Motorhaube mit Power-Buckel und zusätzlichen Luftschlitzen. Nach wie vor gab es den Jimny als offenen Geländewagen, als geschlossenen Van und als Pritschenwagen.

Mit dem LJ 20 erschien der Van, ganzjahrestauglich und abschließbar. Er trug sein Reserverad seitlich stehend im Laderaum und reduzierte diesen dadurch auf ein Minimum.

Nun drei Zylinder unter der Haube und das Reserverad außen angebracht: Suzuki LJ 50 von 1976, optisch dem europaimportierten LJ 80 völlig gleich (neue Motorhaube mit Hutze und Lüftungsschlitzen).

Der LJ 50 wurde geboren, weil Australien Interesse zeigte, vor allem dessen Armee. Dieser LJ 50 Van ist ein Zivilfahrzeug, aber in Australien zugelassen, Bundesstaat Victoria.

Mit dem Kleinen kann man ernsthaft ins Gelände. In die Wüste sollte man sich nicht vorwagen, aber in den Dünen spielen, das mag er gerne. Die Stahlfelgen waren bei manchen Exportmodellen cremeweiß, bei den Europa-Exportmodellen aber stets schwarz lackiert.

Suzilein erobert Europa

Zwei Jahre später kam die definitive Version auf den Markt und der LJ bekam das Gesicht, mit dem er in den Niederlanden und Belgien ab 1979 und in Westdeutschland ab 1980 die Herzen der Massen eroberte. Suzuki modellierte die Kühlermaske neu und setzte die »Augen« weiter nach unten und außen. Statt der Kanvas-Türen gab es fortan Blechtüren, und das Ganze hieß in Japan nun Jimny LJ 55. So kam der Zwerg nach Westdeutschland, nach dem Namensstreit unter der Bezeichnung LJ 80. Kaum war er hier am Markt, lancierte Suzuki den Nachfolger SJ 410, aber die Offroad-Einstiegsdroge wurde unverändert noch drei Jahre bis 1983 weitergebaut.

Psychologisch gesehen profitierte der kleine Suzuki vom sogenannten Kindchen-Effekt: Junge Tiere oder Menschen mit hoher Stirn, großem Kopf, großen Augen und Ohren bei kleinem Körper findet jeder süß. Suzilein fand auch jeder süß. Der LJ war gerade so groß wie ein Fiat 500, wirkte durch die großen Räder und Scheinwerfer nochmals kleiner. Das Auto war völlig offen und höher als breit. Die verkleinerte Jeep-Optik ließ den Wagen fast wie eine maßstäblich verkleinerte Miniatur, ja ein Spielzeug aussehen. Das war so nett anzuschauen und ließ so vielen Menschen das Herz aufgehen, dass sie einfach zugreifen mussten. Erst zweitrangig merkten sie, dass der LJ zwar ein toller Stadtflitzer, ein nettes Strandcabrio und ein klasse Zweitwagen ist, darüber hinaus aber auch ein Geländewa-

Mit arabischen Schriftzeichen auf dem Kennzeichen: LJ 80 in Silbermetallic in Nordafrika. Im Hintergrund wird kräftig nach Öl gebohrt.

gen. Und plötzlich war dieses zunächst vernachlässigte Attribut erstrangig. So sind viele Menschen auf den Offroader gekommen. Suzilein war am Boom ganz maßgeblich schuld.

Was man einem solchen Stoppelhopser eigentlich gar nicht zutrauen sollte, erwies sich als wahr: Im LJ steckte pure Geländewagentechnik: Ein solider Leiterrahmen mit aufgeschraubter Blechkarosserie, zwei blattgefederte Starrachsen, zuschaltbarer Allradantrieb mit Geländereduktion, hundertprozentige Differenzialsperre an der Hinterachse: Herz, was willst Du mehr!? Diesem Wildfang war allerhand zuzutrauen.

Dem Hecktriebler konnte bei jeder Geschwindigkeit der Allradantrieb zugeschaltet werden, und mit demselben Hebelchen wurde auch das Reduktionsgetriebe bedient (Untersetzungsverhältnis 1,524). Weil ein Mitteldifferenzial fehlte, war das Fahren mit vier angetriebenen Rädern auf Asphalt delikat. Aber wegen des kurzen Radstandes und der schmalen Spur stellte es für den Antriebsstrang kein Problem dar, der Geradeauslauf wurde dadurch sogar stabiler. Lediglich Rangiermanöver sollten im Allradmodus vermieden werden.

Vorne und hinten hatte der LJ nahezu keinen Überhang. Gepaart mit dem ultrakurzen Radstand von 1,93 m sorgte das für Geländevergnügen pur, zumal in der Reduktion im ersten Gang an jedem Rad 685 Nm bei 3500 Umdrehungen bei Tempo Zehn zerrten. Das ist eine Wahnsinnskraft, ein heutiger Audi RS4 hat weniger! Eine

Das Hardtop im Suzuki Deutschland-Angebot zeichnete Hans A. Muth, der auch für andere Zubehörteile verantwortlich war – zum Beispiel den wegklappbaren Reserveradhalter.

Es gab auch Hardtops externer Hersteller: LJ 80 mit Breitreifen auf Sportstahlfelgen, Kotflügelverbreiterungen, Bullbar mit Zusatzscheinwerfern und Astabweisern.

LJ 80 im Matsch, im Element, in seinem Element. Je offener gefahren wird, desto eindrucksvoller ist das Erlebnis. Aber desto größer ist auch der Vermatschungsgrad des Fahrers.

Der LJ demonstriert seine Verschränkungsfähigkeit. Im geschlossenen Wagen macht der Trial weniger Spaß. Aber man steigt danach parkettsicher aus.

Das 500er-Sondermodell vom Herbst 1981 in Silbermetallic mit verchromten Sportstahlfelgen und eindrucksvoller Bereifung. So war der LJ 80 die typische Einstiegsdroge und ein schicker Stadtflitzer.

Servolenkung gab es nicht, musste bei dem geringen Gewicht auch nicht sein, und der Wendekreis von nur 9,5 m machte den Wagen unheimlich wendig. Vier Trommelbremsen reichten, und die Frage nach dem Fahrkomfort stellte sich nicht: Die Blattfedern waren da, der LJ hoppelte munter vorwärts und das war's.

Suzilein wirkte innen größer als außen, weil die Windschutzscheibe kaum geneigt und die schmalen Türen nicht gefüttert waren. Überhaupt innen: as simple as simple can be. Die Ausstattung beschränkte sich darauf, dass das Autochen bedienbar war, und die nötigen Schalter waren wild am Armaturenbrett verstreut. Extra kosteten die Türen (150 D-Mark) und das Planenverdeck (330 D-Mark), nicht aber der Überrollbügel. Immerhin: umlegbare Windschutzscheibe, Lenkrad und spartanische Vordersitze gehörten zum Serienumfang (nicht aber die beiden vis-à-vis zueinander gelegenen Rücksitze). Aber man darf nicht lästern. Schließlich kostete der Basis-LJ im Frühjahr 1980 nur 12.500 und ein Jahr später 13.100 D-Mark, dafür bekam man ansonsten einen Golf Diesel oder ein Drittel eines Toyota Land Cruiser.

Suzuki Deutschland bot allerlei nettes Zubehör an. Das waren zum größten Teil in Deutschland konstruierte Teile. Suzuki engagierte dafür den Industriedesigner Hans A. Muth, der zehn Jahre zuvor die BMW R90/S entworfen und 1980 als Freelancer für Suzuki die futuristische Katana gezeichnet hatte. Er kümmerte sich auch um LJ-Zubehör. Besonders gefragt war sein GFK-Hardtop mit Türen, das den LJ ganzjahrestauglich machte, es gab Zusatzleuchten an der Bullbar, Astabweiser, Flankenschutzrohre, Teppichboden und einen Einachsanhänger.

Selbstverständlich gab es auch ein Rohrgestell, mittels dessen Surfbretter transportiert werden konnten – das Outdoor-Hobby-Statement der 80er Jahre schlechthin! Die Kunden kauften das gerne, Individualität war angesagt – auch in Sachen Beräderung. Wer klug war, griff zu Stahlsportfelgen für Reifen der originalen Dimensionen (195 R 15 oder 6.00-16, szeneintern »Tellerminen« genannt) und ließ die Finger von Breitreifen. In den wilden 80ern waren 205er mit Kotflügelverbreiterungen normal und selbst 275er keine Seltenheit. Das sah, ebenso wie Höherlegungen, verwegen aus, reduzierte aber die Höchstgeschwindigkeit auf 80 km/h und ruinierte den Geradeauslauf restlos. Fünf Farben offerierte Suzuki, wovon gefühlt das Gelbbraun namens Tabak die häufigste war, daneben Gipfelweiß, Feuerrot, Huntergrün und Countrybraun.

Auch Sondermodelle gab es im Suzuki-Programm, aber nicht vergleichbar mit dem Sondermodell-»Wahn« zu SJ/Samurai-Zeiten. Im Suzuki-Angebot waren der dunkelgrüne Chasseur für Jäger mit Gewehrständer, vergitterten Scheinwerfern an der Bullbar, Schau-

Noch pfiffiger war das 500er-Sondermodell in Blaumetallic mit weißen Anbauteilen und ebensolchem Verdeck. Fast zu schade für off-road, aber genau das Richtige für die junge Spaßgesellschaft der 80er Jahre. Genau so sah man sie auf dem Uniparkplatz und abends auf der Münchner Leopoldstraße oder der Düsseldorfer Kö.

fel, Axt und Seilwinde, dazu eine Öse zum Anleinen des Hundes. Elegant präsentierte sich eine 500-Stück-Serie im Herbst 1981 in Blaumetallic oder Silbermetallic mit weißem Grill, weißen Stahl-Sportfelgen, weißem Faltverdeck, weiteren weißen Applikationen und schwarzem Teppichboden (dieses Sondermodell durfte tatsächlich »Eljot« heißen, Preis 17.768 D-Mark).
Bereits 1980 kam der Sport About für Nachwuchs-Playboys (Imponier-Räder, Rohrgestell zum Surfbrett-Transport, König-Sportsitze und Anhängekupplung), und zum Abschied im Februar 1983 winkte der Suzuki LJ 80 Special in drei Varianten – diese vier Sondermodelle wurden von Hans A. Muth gestaltet. Ebenfalls lieferbar seitens Suzuki: ein Schneepflug, entweder mit Hand- oder mit Elektrohydraulik, das Richtige für ambitionierte Hausmeister.
So gut und dauerhaft die Technik und Mechanik war, so vergänglich zeigte sich die Karosserie: keinerlei Versiegelung ab Werk, und Suzuki Deutschland hielt es zunächst auch nicht für nötig, die importierten Wagen gegen Korrosion zu schützen. (Erst ab Januar 1982 bekamen die Neuwagen in München eine Waxoyl-Behandlung, dann Sechs-Jahres-Garantie gegen Durchrostung.) Die LJ 80 starben an durchgefaulten Karosserien, ihr Leiterrahmen und ihre Technik waren dann meist noch sehr gut. Die Firma Weber-Kunststoffe in Abstatt bot Ende der 80er Jahre als Ersatz für die durchgefaulte LJ-Stahlkarosserie eine optisch identische GFK-Karosserie an, etliche weitere GFK-Aufbauten variierten optisch das Thema und orientierten sich hauptsächlich am Willys Jeep.
Eine Art Schandmal in der LJ-80-Geschichte blieb die Rückrufaktion 1984: Die Motorhaube neigte zu Rissbildung und bedurfte einer eingenieteten Verstärkung. Eine nennenswerte technische Weiterentwicklung gab es während der kurzen Zeit der LJ-80-Präsenz in Europa nicht. Lediglich die Motorleistung sank ab Anfang 1981 durch einen anderen Vergaser von 41 auf 39 PS – im Praxisbetrieb ohne Auswirkungen.
Der LJ 80 war ein reines Spaßauto, und Gebrauchte wurden in den 80er Jahren bei wüsten Geländefahrten quasi durch den Häcksler gedreht. Original erhaltene Fahrzeuge sind superselten, aber es gibt mittlerweile eine rege Restaurierungsszene. Teuer sind auch restaurierte LJ 80 nicht, aber Handarbeit hat ihren Preis, geschweißt werden muss immer, und heute ist ein hübscher LJ 80 zwar kein billiges, aber immer noch ein preiswertes Vergnügen. Wer einen hat, erntet viel Sympathie seitens der Umgebung, stets ein Lächeln, und er hört die wildesten Geschichten derer, die damals einen hatten und heute wieder von ihm träumen. Immerhin genießt dieser Geländefloh in Offroad-Kreisen absoluten Kultstatus.

Familienfoto: Offener LJ 80, der Van hieß LJ 80V, der Pritschenwagen LJ 81. Letztere beide waren auf bestimmten Exportmärkten lieferbar, offiziell aber nicht in Westdeutschland. Über Graue Importeure waren sie dennoch zu bekommen.

Kapitel 3: Der Wildfang wird erwachsen: SJ 410, SJ 413 und Samurai

Der Neue ist größer, bleibt aber klein. Der Neue ist leistungsfähiger, hat aber weniger Charme. Der Neue ist besser, aber nicht so lieb und schnuckelig. Wer Praktikabilität und Vernunft predigte, lobte den neuen kleinen Suzuki. Schmuse- und Schwärmernaturen bedauerten den nüchterneren Stil und freuten sich, dass der Eljot weiterhin lieferbar blieb. Dennoch: Der Suzuki SJ war ab seinem Verkaufsstart im Frühjahr 1982 der beliebteste Geländewagen in Westdeutschland, Österreich und der Schweiz. Zitat aus dem 1985er Verkaufsprospekt: »Allein durch die Gunst seiner Käufer und Liebhaber wurde er zum Wegbereiter einer neuen Automobil-Gattung.«

Das stimmte. Als ernsthaften Konkurrenten hatte er allenfalls den Lada Niva. Und der war sehr ernst. Und obendrein sowjetisch. Das mochte nicht jeder. Aber der Suzuki war nicht nur ein Fahrzeug, sondern auch ein »Funzeug«, ein Autochen zum Liebhaben und Spaß haben. Auch in Frankreich war er ein Bestseller, ganz am Ende seiner Karriere sogar der bestverkaufte Geländewagen aller Klassen. Selbst zum Schluss, im Jahre 2000, brachte der französische Importeur monatlich noch knapp 1000 Exemplare unter die Franzosen.

Frühes Exemplar: personalisierter SJ 410 in der damaligen Trendfarbe Schwarz mit stolzem Eigentümer. Auf dem Kennzeichen ist die sechseckige ASU-Plakette zu sehen, auf dem vorderen Nummernschild zwischen April 1985 und Ende 2009 angebracht. Die meisten SJ mit deutscher Zulassung, die in diesem Buch abgebildet sind, tragen eine ASU- bzw. (ab Ende 1993) eine AU-Plakette.

Lokale Sonderausstellung im Grünen, Händler präsentieren sich und ihre Palette. SJ 410 mit spezieller Frontstoßstange, schicken Felgen und allerlei Zubehör von Haslbeck, vor allem aber mit Effektlackierung.

Knapp ein Liter Hubraum: Der Suzuki SJ 410

Zunächst mal sieht er anders aus. Der Eljot imitierte optisch den klassischen Jeep und skalierte ihn um die Hälfte herab, sein Putzigkeitsfaktor war immens. Der SJ hingegen zeigte sich schachtelförmig, nüchtern, durchdacht im pragmatischen 80er-Jahre-Stil. Einzige Reminiszenz an den Eljot und somit an den Jeep ist der längs gerippte Blechkühlergrill. Die Räder liegen erneut an den Ecken der Karosserie, zehn Zentimeter mehr Radstand (2030 mm) beim SJ mit kurzem Radstand, der zunächst in Europa lieferbar war (offener Geländewagen und Van). Das bietet beste Geländevoraussetzungen: 22,5 cm Luft unter dem Differenzial, Böschungswinkel 47° vorne und 34° hinten. Der SJ ist länger, breiter und niedriger als der Eljot, ist somit anders proportioniert.

Beim Offenen ist der Überrollbügel Bestandteil der Karosserie, Türen, Verdeck und hintere Sitze sind Umfang der Serienausstattung. Eine (umständliche) Besonderheit ist die Blechleiste oberhalb der Türen zwischen Überrollbügel und Windschutzscheibe, die zum Umklappen derselben demontiert werden muss. Das Reserverad ist fest auf der Heckklappe montiert, die zum Öffnen nach rechts schwenkt (gilt auch für den Van), und die hinteren Passagiere sitzen nicht mehr vis-à-vis, sondern in Fahrtrichtung.

Zusätzlich zum offenen Geländewagen und dem Van erschienen im Frühjahr 1983 zwei Modelle mit längerem Radstand (2375 mm), genannt Pick-up und Long. Der »Pick-up« ist per definitionem eher ein Pritschenwagen mit separater Pritsche und der Long eher ein Pick-up, denn letzterer hat eine durchgehende Karosserie mit einem Verdeck, das sowohl die Pick-up-Wanne als auch den Fahrgastraum überdeckt. Der »Pick-up«, also der Pritschenwagen, setzte sich in Deutschland nicht durch und war nur bis 1986 im Programm. Den Long konnten die Westdeutschen zunächst gar nicht kaufen, Schweizer und Österreicher hingegen schon. Der SJ 410 mit kurzem Radstand hingegen blieb bis 1988 im Angebot.

Innen war der SJ weit komfortabler als der Eljot, gepolstertes Armaturenbrett, die Positionierung der Uhren und Schalter nunmehr durchdacht und nicht mehr dem Zufall überlassen, ordentliche Belüftung/Heizung, Aschenbecher und sogar Zigarettenanzünder, am Boden PVC-Matten. Der SJ verwöhnte sogar mit einer Mittelkonsole, lediglich das Lenkrad hatte er vom Eljot geerbt, Verdeckfarbe grau oder schwarz, abhängig von der Karosseriefarbe. Suzuki offerierte ab 1983 eine Deluxe-Version: Teppichboden, getönte Schei-

ben, im Van sogar Stoffsitze, außen bunte Dekorstreifen. Die weiß lackierten Geländesportfelgen kennzeichneten die Deluxe-Version, der Standard trug Stahlscheibenräder, ebenfalls weiß lackiert.
1984, als Suzuki den aufgewerteten SJ 413 präsentierte, profitierte auch der SJ 410 von einigen seiner Verbesserungen. So erhielt die Deluxe-Version ein Armaturenbrett, das demjenigen des SJ 413 ziemlich nahe kam, zudem ein anderes Lenkrad. Hinten im Van nunmehr Sicherheitsgurte, Auswahl aus zwei Sitzbezugsmaterialien (Tweed oder Stoff), beim Offenen logischerweise Kunstledersitzbezüge und Gummimatten statt Teppichboden. Verdeckplane außen PVC und innen Leinen. Die Verkaufsbezeichnungen variierten je nach Importeur. Suzuki Deutschland sprach vom SJ 410 Deluxe, Suzuki Österreich vom SJ 410 LX (offener Geländewagen) und SJ 410 VX (Van). Optisch unterschied sich der bisherige SJ 410 vom neuen SJ 413 ab 1984 nur durch den beibehaltenen »Jeep-Grill« und die plane Motorhaube.
Eine Sparversion namens Economic erschien zum Modelljahr 1985, einfacher ausgestattet als das Standardmodell, Karosseriefarbe ausschließlich rot, weder Kopfstützen noch Rücksitzbank, 2000 D-Mark Ersparnis, gedacht vor allem für junge Leute. In die andere Richtung zielte das vom Importeur angebotene Werkszubehör, hauptsächlich von der Firma Haslbeck geliefert, geeignet zur Rundumindividualisierung: Frontschutzbügel, sogar voll aufgebrezelt mit Scheinwerfern, Dekorstreifen, Seitenschutzleisten, diverse Hardtops, dekorierte Reserveradhüllen, Befestigung für Reservekanister, Anhängerkupplung und – ganz wichtig – Breitreifen 225/75 R 15 (statt der serienmäßigen 195-15er) mit entsprechenden Kotflügelverbreiterungen aus Kunststoff, lackierbar.
Die Felgen, ungefähr gleich im Design wie die serienmäßigen Geländesportfelgen aus Stahl, waren dann aus Aluminium mit weißer Kunststoffbeschichtung. Sportliche Geländewagenfelgen sahen damals eigentlich immer gleich aus, Sechs- oder Acht-Stern-Felgen eben, wie sie die US-Offroad-Mode vorgegeben hatte. Haslbeck-Aufhübschmaßnahmen im Inneren: Drehzahlmesser, unterschied-

Der gleiche Ort, der gleiche Anlass, das gleiche Auto, aber nicht dasselbe: Mit den gleichen Haslbeck-Anbauteilen versehener schwarzer LJ 410.

Die Brüder Haslbeck aus Mühldorf/Inn, zunächst spezialisiert auf den Import von Zubehör für Jeep und Co., begannen nach Erscheinen des LJ mit der Entwicklung von eigenem Zubehör für japanische Fahrzeuge.

Zur IAA 1983 stellten die Mühldorfer ein komplettes SJ-Zubehörprogramm vor, der Vertrieb über die Suzuki-Händler begann im November. Das »Integral-Frontschutzsystem« kostete 995 Mark, die Räder im Format 225/75 R 15 auf 7-Zoll-Felgen DM 2965,-.

1986er SJ 410 Van mit Verblechungen anstelle der hinteren Seitenscheiben im Süden von England. Das mehrfach aufgeklebte rote Nashorn hat eine Bedeutung: Es wurde im Sudan als alternatives Wahrzeichen zum Roten Halbmond (islamische Version des christlichen Roten Kreuzes) diskutiert, konnte sich aber nicht durchsetzen. (Foto: Charlie)

liche Sitze, Teppiche, Radios. Suzuki lieferte auch eine Klimaanlage, für Jäger einen Gewehrhalter sowie Neigungs- und Höhenwinkelmesser.
Die sowohl für Japan als auch für den Export gedachte Version mit Vierzylinder-Viertaktmotor mit 970 cm³ feierte ihr Debüt auf der IAA 1981, hieß in Japan Suzuki SJ 40 und in Europa SJ 410. Der Motor war eine komplette Neukonstruktion (wie das ganze Auto auch), war aber schon 1979 im Suzuki-Pkw namens Fronte erschienen, dort 49 PS, im SJ 410 waren es 45 Pferde. Das war eine moderne und langlebige Konstruktion, ein Graugussblock mit Alu-Kopf, fünffach gelagerte Kurbelwelle, oben liegende Nockenwelle mit Zahnriemenantrieb, 970 cm³ groß. Die 45 PS übertrafen den Eljot um deren Vier, höheres Drehmoment und niedrigere Drehzahlen.
Da das Fahrzeuggewicht gestiegen war, blieb die konkrete Fahrleistung (also das Verhältnis von Gewicht zu PS) ungefähr gleich. Es blieb auch bei einem Vierganggetriebe mit Heckantrieb, Vorderradantrieb über zweiten Schalthebel zuschaltbar (Verteilergetriebe ebenfalls Neukonstruktion), dazu Reduktionsgetriebe. Ungewöhnliche Handbremsfunktion: Sie wirkt nicht via Seilzug auf die Bremsbacken der Hinterräder, sondern auf die Antriebswelle der Hinterachse.
Ab 1984 optional vorne Freilaufnaben, manuell oder automatisch. Wie der Eljot ist der SJ klassischer Geländewagenbau: Die Karosserie ist auf einem massiven Kastenrahmenfahrgestell (zwei Längsträger mit fünf Quertraversen) mit Schrauben befestigt, vorne und hinten Starrachsen an Blattfedern. Ursprünglich vier Trommelbremsen, ab 1982 vordere Scheiben, kein Bremskraftverstärker, auch keine Servolenkung. Letzteres war dann eine Herausforderung, wenn Suzilein mit Breitreifen aufgemotzt war.
Im zweiten Jahr seiner Existenz, zum Modelljahr 1982, wurden die Rückspiegel an den Türen und nicht mehr am Scheibenrahmen befestigt. Letzteres war eine Schnapsidee gewesen, weil man den SJ 410 durchaus mit umgeklappter Windschutzscheibe fahren kann (dafür ist sie ja umklappbar!), aber dann keine Rückspiegel mehr hatte, weil sie nur den Himmel widerspiegelten, aber nicht das Geschehen hinter dem Auto.
Gebaut wurde der SJ 410 parallel zum SJ 413 bis 1988. Da sein Motor nicht Katalysator-tauglich war, wurde er in Österreich und in der Schweiz schon vorher aus dem Verkaufsprogramm genommen. In Deutschland gab es ihn bis zuletzt. Aber kaum mehr jemand kaufte ihn. Der SJ 413 war eindeutig die bessere Wahl.

Freie Importeure leisteten sich die Freiheit, Fahrzeuge jenseits des Programms der offiziellen Suzuki-Importeure anzubieten. Einen zum Mini-US-Truck umgebauten SJ 410 Pritschenwagen verwendete 3K-Automobile aus Oberhausen für die Eigenwerbung und für den Titel seines Prospektes.

Diesen Pritschenwagen bot Suzuki Deutschland auch selbst an, aber weniger als Fun-Vehikel, sondern eher als Arbeitsgerät für Hausmeister. Sein Problem: Der Hausmeister musste klein von Wuchs sein, denn die Rückwand ließ kaum eine Sitzverstellung zu.

Suzuki bewarb den Pritschenwagen, der fälschlicherweise als »Pick-up« bezeichnet wurde, als kleinen, toughen Worker. Für ihn gab es auch ein Räumschild und als Pritschenaufbau einen Streugutbehälter mit hinterem Streuteller zu kaufen, ideal für den Winterdienst im Stadtpark.

Frühes Deluxe-Armaturenbrett. Alles dran, was man zum Autofahren benötigt – wozu ein Drehzahlmesser nicht gehört. Im hohlen Kreis zwischen den mittigen Luftdüsen ist nichts. Beim SJ 413 Deluxe sitzt hier die viel gepriesene Digitaluhr.

Nur für Japan: Die Kei-Car-Version

Alles eine Nummer größer, komplett neu konstruiert, aber konzeptionell identisch: Das ist der Suzuki Jimny SJ 30, 1981 erschienen und zunächst ausschließlich als Kei-Car für den Heimatmarkt gedacht: Dreizylinder-Zweitakter mit 539 cm^3 und 28 Pferdchen. In Japan erhielt das Kei-Car 1986 statt des Zweitakters einen Dreizylinder-Viertakter mit Einspritzung und Turboaufladung, 42 PS stark, und im Folgejahr 1987 dank Intercooler sogar 52 PS (Suzuki JA 71). 1990 bekam der Kei-Car-Floh dank neuer japanischer Gesetzgebung sogar 660 cm^3 eingeschenkt, nunmehr 55 PS, und diese Version namens Jimny 660 EPi war zum Modelljahr 1993 sogar mit einer Getriebeautomatik kombinierbar (der einzige Automatik-SJ aller Zeiten!). Erst 1993 gab es auch in Japan den 1,3-Liter-Vierzylinder, also den Exportmotor, zu kaufen.

Als Neuwagen gleich ab ins Museum: Jimny SJ30 von 1981 im Suzuki-Werksmuseum. (Foto: Rainmaker47)

Innerjapanische Angelegenheit: Jimny 550 Turbo JA71 von 1987 mit spannender Hutze auf der Haube und Alus im »Turbo-Look«. (Foto: Tennen-Gas)

Hochdach-Van als 660 EPi Turbo (JA11V) ab 1990, ebenfalls mit Haubenhutze – ein Merkmal der Intercooler-Turbo-Kei-Cars. (Foto: Tennen-Gas)

Ebenfalls mit gelben Zusatzscheinwerfern im Grill: Weißer SJ 410 Van mit gelbem Kennzeichen.

Höher positioniert, das ganze Auto, aber auch die Motorhaube mit ihrer Ausbuchtung. Den SJ 410 gab es nur in Unilackierungen, den SJ 413 auch in Metallic. Und mit hübscher Streifendekoration.

So geht Werbung. Da hat sich Suzuki Deutschland in Unkosten gestürzt und zwei Badenixen engagiert. Die Presse bekam das reizende Foto nur Schwarzweiß. Aber es wurde auch für Zeitschriftenwerbung genutzt. Und daher wissen wir: Das Auto ist in Türkismetallic lackiert.

Jenseits der Kleinwagenklasse: Suzuki SJ 413

Jenseits der Kleinwagenklasse lancierte Suzuki im Herbst 1984 den JA 51, in Europa SJ 413 genannt: 1324 cm³, 70 PS, ein neu konstruierter Vierzylinder-Alumotor, der im Suzuki-Kraxler ein recht langes Leben haben sollte (bis zum Jahresende 2000) und auch der Volumenmotor im späteren Samurai blieb. Er hatte, im Gegensatz zum SJ 410, stets eine Fünfgangschaltung. Nach Lancierung des SJ 413 sprach kaum mehr etwas für den SJ 410, aber er blieb dennoch bis 1988 erhältlich.

Der SJ 413, in Europa ab Jahresanfang 1985 zu haben, sah ein wenig anders aus als der SJ 410, hatte statt des Metallgrills einen längs gerippten Kunststoffgrill inklusive schwarzer Scheinwerfereinfassungen und eine Motorhaube mit Ausbuchtung. Die sah ein wenig martialisch aus, hatte aber gute Gründe: Der neue Alumotor baute höher als das ältere Triebwerk und benötigte einfach mehr Platz nach oben. Ansonsten wurde der SJ 413 mit Dekorstreifen beklebt, anders gestaltet als die Deluxe-Version des SJ 410, und auf der Heckklappe prangte ein »5 Speed«-Emblem, die stolze Demonstration des Fünfganggetriebes. Darüber hinaus gab es keine optischen Unterschiede zwischen dem »kleinen« und dem »großen« SJ.

Ergänzend als Karosserievariante kam der Hochdach-Van, nur als SJ 413 zu haben, 15 cm höher als der bisherige Station Wagon, mit nach hinten ansteigender Dachlinie und rechts und links je einem Panoramafenster oberhalb der hinteren Seitenscheiben. Das sah sehr keck aus! Einen Long gab es auch auf SJ-413-Basis (Deutschland-Import ab Juli 1985), mit serienmäßigem Kunststoff-Hardtop

und Webasto-Glashubdach, fest mit der Karosserie verschraubt, ein geschlossener Viersitzer also mit vernünftigem Laderaum (in Österreich auch mit Softtop erhältlich). Die nach wie vor »Pick-up« genannte Pritschenversion blieb dem SJ 413 stets versagt.
Anfangs wurde in Europa nur die Deluxe-Versionen des SJ 413 (offener Geländewagen und Hochdach-Van) angeboten, peu-à-peu wurde das Modellprogramm ergänzt um Standard-Cabriolet, Standard-Van mit Normaldach und den Long Deluxe mit Hardtop. In Österreich gab es, aus steuerlichen Gründen, eine Lieferwagenversion des Standard-Van: keine hinteren Seitenfenster, keine Rücksitzbank, Abtrennung von Fahrgast- zum Laderaum, deshalb steuerbegünstigt. Kurioses am Rande: Nur in genau dieser Version ist der aktuelle Suzuki Jimny GJ seit 2021 noch in Europa erhältlich. Denn nur so zählt der Jimny, weil als Nutzfahrzeug deklariert, nicht auf den Pkw-CO_2-Flottenverbrauch des Herstellers. Seither muss Europa auf den aktuellen Jimny als Viersitzer-Personenwagen verzichten.

G13A heißt der neue Motor im SJ 413, 1324 cm³, 64 PS stark (ab 1987 wegen des Kat nur noch 60), ein Vierzylinder-Viertakter mit oben liegender Nockenwelle mit Zahnriemenantrieb, völlig neu konstruiert, Block und Kopf aus Aluminium. Ein riesiges Plus an Leistung und Drehmoment, 127 statt 107 km/h Topspeed, und null-hundert lässt sich sogar messen: 22,2 Sekunden. Vergleichbare Beschleunigungszeiten hatten damals ein VW Käfer 1600, ein Ford Granada 1,7 Liter, ein Mercedes 190 Diesel W201, ein VW Passat Diesel oder ein 1100er Golf. Und selbst einen »Sportwagen«, einen Ford Capri, konnte mit diesen Fahrleistungen kaufen, wer den 1,3-Liter-Motor mit 54 PS wählte. Diese Autos waren zwar zu Zeiten des SJ 413 nicht mehr alle fabrikneu erhältlich, aber sie waren auf den Straßen unterwegs. So schlecht waren die SJ-413-Leistungswerte also nicht, es ließ sich gut im Verkehr mitschwimmen, und Suzilein war sogar autobahntauglich.

Direkt aus dem Prospekt: serienmäßiger SJ 413 als offener Geländewagen in Deluxe-Ausstattung mit weiß lackierten Geländesportfelgen aus Stahl.

Höher gelegt, spezielles Hardtop, Trittbretter, Zweifarb-Metalliclackierung, auffällige Felgen und pralle Schlappen: aufgebrezelter SJ 413 in Hongkong. (Foto: Jones028)

Den Long propagierte Suzuki als Familienfahrzeug, und zur Familie gehört als Sympathieträger der Werbehund …

… aber er taugte auch als Vehikel für das Outdoor-Hobby seines Dompteurs. Sehr zeitgenössisch ist die Effektlackierung an den Flanken und auf der Motorhaube, und dass der Hänger gleich berädert ist wie der SJ 413 Long, ist natürlich eine Schau.

Offen sah man ihn selten. Der Long wurde hauptsächlich mit fest verschraubtem Hardtop von Haslbeck/Fritzmeier (hier im Bild) oder später mit Werkshardtop aus Japan verkauft, jeweils mit Webasto-Glashubdach.

Den Pritschenwagen konnte man entpritschen und hatte dann ein Chassis mit Kabine. Dahinter passte ein Alkoven-Tinyhouse, und so wurde daraus das Variomobil.

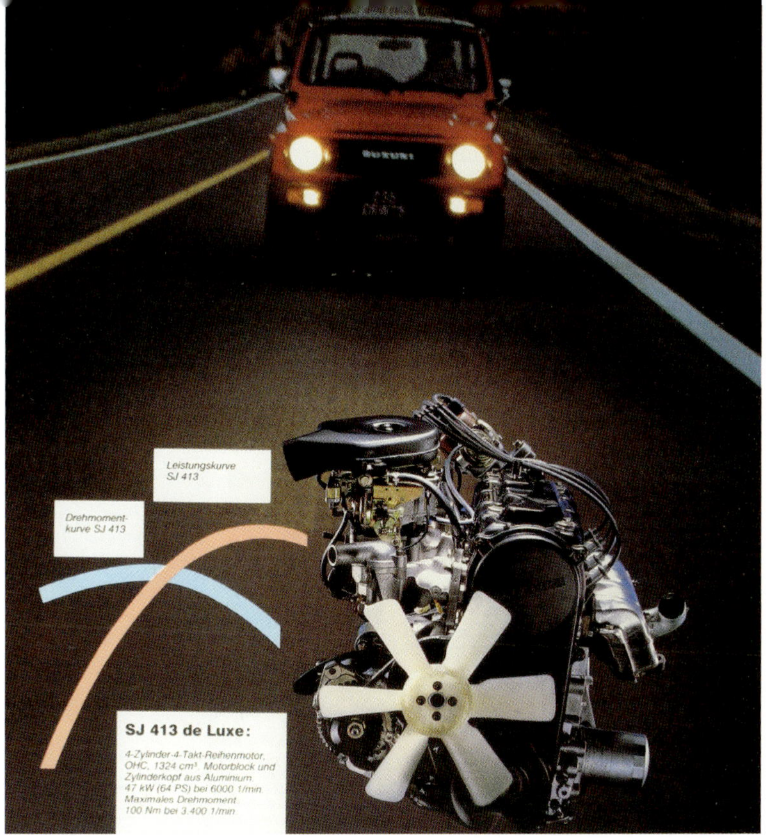

Ein moderner Alumotor namens G13A: 1324 cm^3 mit 64 PS, ein Vierzylinder-Viertakter mit oben liegender Nockenwelle mit Zahnriemenantrieb, Block und Kopf aus Aluminium. Ein riesiges Plus an Leistung und Drehmoment, 127 statt 107 km/h Topspeed, maximales Drehmoment 100 Nm bei 3400 Umdrehungen gegenüber 74 Nm bei 3250 Umdrehungen im SJ 410. Obendrein darf er gebremst nun 1300 statt zuvor 1100 Kilo ziehen.

Ein wesentlicher Fortschritt war das Fünfganggetriebe im SJ 413, der fünfte als Schongang ausgelegt, nervschonende Drehzahlreduzierung bei höheren Geschwindigkeiten. Das Blattfederfahrwerk wurde beibehalten, aber modifiziert, Stabi an der Vorderachse, komfortablere Federung, weiterhin vorne Scheiben- und hinten Trommelbremsen, endlich Bremskraftverstärker. Der Deluxe verfügte serienmäßig über manuelle Freilaufnaben vorne. Hatte der SJ 410 noch ein separat auf Vorder- und Hinterräder wirkendes Zweikreis-Bremssystem, so war es nun, zumindest bei den kurzen Modellen, diagonal geteilt.

Die Ausstattungen von SJ 410 Deluxe und SJ 413 Standard entsprachen einander weitgehend. Darüber hinaus verfügten alle 413er über neu geformte Sitze mit mehr Seitenhalt und durchbrochene Kopfstützen (was nicht nur für mehr Sicht nach hinten sorgte, sondern in den 80ern eine große Mode war). Die Deluxe-Variante kostete anfangs 900 D-Mark Aufpreis und beinhaltete einige Leckerli: Drehzahlmesser, digitale Uhr (damals auch ein Mainstream-Muss, wenn schon kein Bordcomputer lieferbar war), abblendbarer Innenspiegel, manuelle Freilaufnaben, Sportfelgen, die Reifen wahlweise mit aufvulkanisiertem weißem Flankenring. Der Deluxe-Käufer konnte zwischen unterschiedlichen Stoffbezügen (im Van) wählen, die Farbpalette war größer als beim Standardmodell, es gab auch Metalliclacke, und Suzuki dekorierte den Deluxe mit ständig wechselnden Streifen, Ornamenten und Graphiken.

Nicht wesentlich verändert hatten sich dagegen die Werkszubehör-Teile (Reifen, Bullbar, Offroad-Gedöns, Dachgepäckmodule) – im Laufe der Zeit variierten sie ihr Design und verbunteten zusehends. Beliebt waren damals Sitzbezüge: entweder sehr bunt oder rustikal Marke »Walchensee« in Caramel oder Silber, darüber hinaus Echtfell-Sitzbezüge vom Schaf oder, als preiswertere Alternative, der anthrazitfarbene Webpelz-Bezug. Bereits zu Zeiten des SJ 413 begann die Mode der limitierten Sondermodelle, aber zaghaft. Ihren Höhepunkt sollte sie in der folgenden Samurai-Ära haben.

Eine Sonderstellung nahm der Long ein, 60 cm länger als die kurzen Versionen und mit verschiebbarer Rücksitzbank versehen. Zunächst kam das Hardtop der Deutschland/Österreich/Schweiz-Versionen von Haslbeck (Styling) / Fritzmeier (Herstellung, die machten auch Traktor-Kabinen), später direkt aus dem japanischen Werk und hatte Schiebefenster mit Oberlichtern und im Vorderteil ein Webasto-Glashubdach.

Kein Unterschied zum Armaturenbrett im SJ 410: die Deluxe-Version (hier im Bild) jeweils mit Drehzahlmesser und Digitaluhr.

Da kommt Farbe ins Spiel: Suzuki SJ Samurai

So wenig die teutonische Pizza der italienischen Pizza entspricht, so wenig entspricht die abendländisch/westlich/deutsche Bedeutung von »Samurai« der japanischen. Wir verbinden damit den vorindustriellen japanischen Schwertadel zu Zeiten, als dort der Krieg idealisiert wurde, einen idealtypischen japanischen Kenjutsu-Kämpfer. In Japan selber nennt man diesen Kriegertypus Bushi. Das klingt, gerade im Deutschen, aber nicht gerade martialisch, sondern vielmehr verniedlichend. Jedenfalls hat der Begriff Samurai etwas Dominant-Kriegerisches, Verwegen-Kämpferisches, man konnotiert damit einen ganzen Mann, einen Helden, Wildheit, Tapferkeit – ein gutes Wort, um einen kleinen Geländewagen zu bezeichnen!

Ab dem Genfer Salon 1988 löste der Suzuki SJ Samurai die beiden Baureihen SJ 410 und SJ 413 ab. Wobei tatsächlich der SJ 410 nicht abgelöst, sondern ersatzlos gestrichen wurde. Und der Samurai positionierte die SJ-Baureihe neu. Denn zu dieser Zeit stand bereits der größere Vitara in den Startlöchern, der zum Suzuki-Volumenge-

Antizyklisches Handeln bedeutet, mit einem Schwarzweißfoto zu beginnen, wenn die Zwischenüberschrift lautet »Da kommt Farbe ins Spiel«. Aber wir haben auch Farbiges.

ländewagen werden sollte. Der SJ Samurai spielte nur noch die zweite Geige im Suzuki-Offroad-Konzert. Doch blieb er ein gut verkäufliches Kerlchen, die Kunden mochten ihn gern. In manchen Ländern, beispielsweise in Frankreich, blieb er nach Verkaufszahlen der Platzhirsch, deutlich vor dem Vitara. Im deutschen Premieren-prospekt stellte Suzuki geschickt die Verbindung zu den Vorgängern heraus, damit der Neue von deren Renommee profitieren konnte: »Die flotten SJ 413 und SJ 410 sind schon heute Klassiker und aus dem Straßenbild nicht mehr wegzudenken. Sie sind die Vorbereiter eines Trends: Sportlich fahren und Spaß haben. Nun setzt Suzuki wieder Akzente mit dem neuen SJ Samurai.«

Es war ein sehr großes Facelift, das der SJ 413 erfuhr, um zum Samurai zu werden. Nur der 1324-cm^3-Motor blieb gleich, 60 PS mit Kat, der Long ohne Kat mit 64 PS. 1990 überarbeitete Suzuki den G13A- zum G13B-Motor und verpasste ihm eine elektronisch gesteuerte Zentraleinspritzung und einen geregelten Katalysator, gepaart mit neuem Zylinderkopf. 70 PS Leistung, leicht reduzierter Hubraum auf 1298 cm^3, gestiegenes Drehmoment und 130 statt 125 km/h Topspeed. Das Fahrwerk hatte sich bewährt, doch der Samurai kam breitbeiniger daher als der SJ 413 (Achsen 6 cm breiter, Spurbreite

Weiß ist monochrom-neutral, aber gepaart mit Anbauteilen und Verdeckstoff in hellem Türkis ist das schon ganz schön farbig. Rechts gesteuerte Deluxe-Version in England.

Nahezu kein Samurai kam ohne Rammschutz aus. Halbwegs tauglich ist er nur, wenn er, wie hier, am Rahmen angeschraubt ist. Interessant ist, dass Werks- und Pressefotos selbst Anfang der 90er Jahre noch schwarzweiß waren.

Ein in der Schweiz angebotenes Neufahrzeug. Dort hieß die gehobene Version nicht Deluxe, sondern Samurai JX.

Nach wie vor im Angebot und nun hochtrabend »Limousine« genannt: der Hochdach-Van mit Panoramafenstern.

Der Prospekttitel von 1996 definiert die avisierte Zielgruppe für den Samurai: Ein junges, urbanes, aber noch nicht wohlhabendes Publikum mit Outdoor-Hobbys oder ganz einfach dem Verlangen, mal wieder in der Natur zu spielen. Ein Samurai war das typische Autochen für einen Studenten aus gutem Hause.

Auszug aus dem schweizerischen 1992er-Prospekt: offener Geländewagen und Normaldach-Wagon in Deluxe-Version, die dort JX hieß, Weiß und Rot als Unifarben, der Rest Metallic, und die Schweizer verwendeten für die Farben englischsprachige Bezeichnungen.

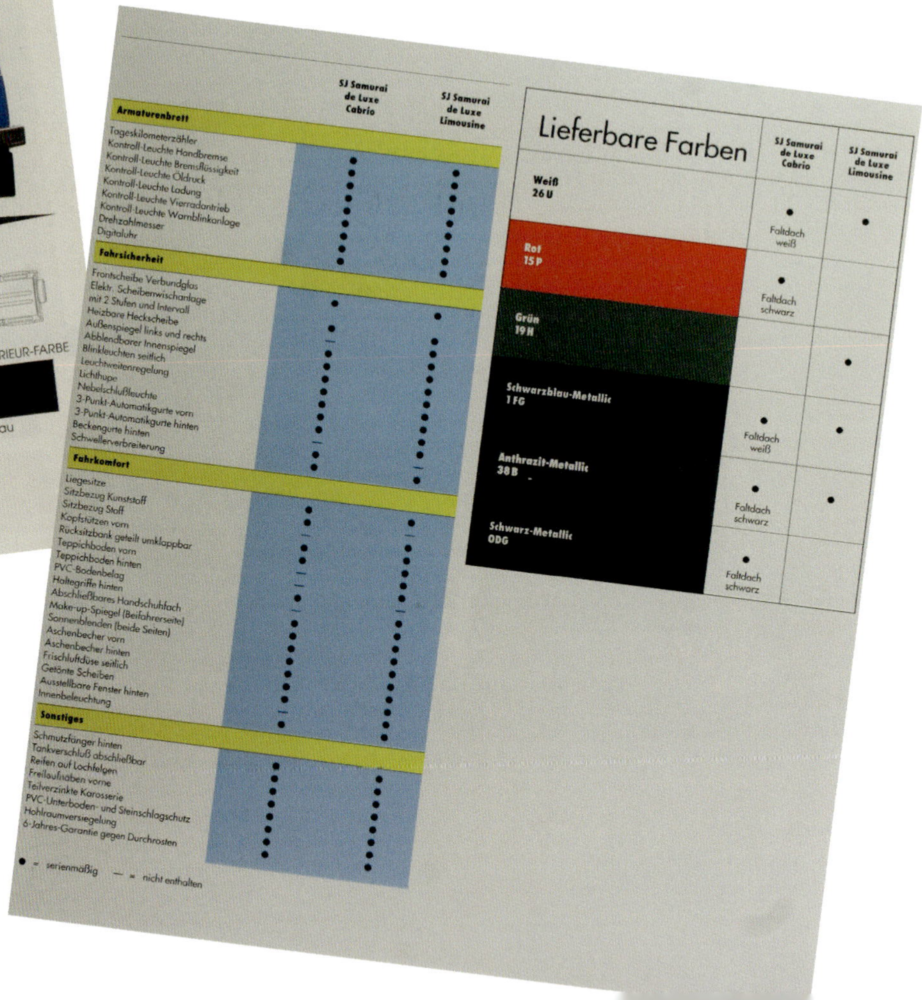

	SJ Samurai de Luxe Cabrio	SJ Samurai de Luxe Limousine
Armaturenbrett		
Tageskilometerzähler	•	•
Kontroll-Leuchte Handbremse	•	•
Kontroll-Leuchte Bremsflüssigkeit	•	•
Kontroll-Leuchte Öldruck	•	•
Kontroll-Leuchte Ladung	•	•
Kontroll-Leuchte Vierradantrieb	•	•
Kontroll-Leuchte Warnblinkanlage	•	•
Drehzahlmesser	•	•
Digitaluhr	•	•
Fahrsicherheit		
Frontscheibe Verbundglas	•	•
Elektr. Scheibenwischanlage mit 2 Stufen und Intervall	•	•
Heizbare Heckscheibe	—	•
Außenspiegel links und rechts	•	•
Abblendbarer Innenspiegel	•	•
Blinkleuchten seitlich	•	•
Leuchtweitenregelung	•	•
Lichthupe	•	•
Nebelschlußleuchte	•	•
3-Punkt-Automatikgurte vorn	•	•
3-Punkt-Automatikgurte hinten	—	•
Beckengurte hinten	•	—
Schwellerverbreiterung	•	•
Fahrkomfort		
Liegesitze	•	•
Sitzbezug Kunststoff	•	—
Sitzbezug Stoff	—	•
Kopfstützen vorn	•	•
Rücksitzbank geteilt umklappbar	•	•
Teppichboden vorn	—	•
Teppichboden hinten	—	•
PVC-Bodenbelag	•	—
Haltegriffe hinten	—	•
Abschließbares Handschuhfach	•	•
Make-up-Spiegel (Beifahrerseite)	•	•
Sonnenblenden (beide Seiten)	•	•
Aschenbecher vorn	•	•
Aschenbecher hinten	•	•
Frischluftdüse seitlich	•	•
Getönte Scheiben	•	•
Ausstellbare Fenster hinten	—	•
Innenbeleuchtung	•	•
Sonstiges		
Schmutzfänger hinten	•	•
Tankverschluß abschließbar	•	•
Reifen auf Lochfelgen	•	•
Freilaufnaben vorne	•	•
Teilverzinkte Karosserie	•	•
PVC-Unterboden- und Steinschlagschutz	•	•
Hohlraumversiegelung	•	•
6-Jahres-Garantie gegen Durchrosten	•	•

• = serienmäßig — = nicht enthalten

Lieferbare Farben	SJ Samurai de Luxe Cabrio	SJ Samurai de Luxe Limousine
Weiß 26 U	• Faltdach weiß	•
Rot 15 P	• Faltdach schwarz	
Grün 19 H		•
Schwarzblau-Metallic 1 FG	• Faltdach weiß	•
Anthrazit-Metallic 38 B	• Faltdach schwarz	•
Schwarz-Metallic ODG	• Faltdach schwarz	

Weniger Farben 1995, paritätisch zwischen Uni und Metallic geteilt, fünf davon für den offenen Geländewagen (»Cabrio«), vier für den Normaldach-Van (»Limousine«). Vom Standardmodell war keine Rede mehr.

plus 9 cm dank weniger tief geschüsselter Felgen), auch längere Achsübersetzung analog zur gestiegenen Motorleistung.
Erneut weicher abgestimmte Blattfedern und Stoßdämpfer, vorderer Stabi härter als beim 413er abgestimmt. Der Samurai lag 25 mm tiefer auf der Straße (was seine Geländetüchtigkeit ein wenig reduzierte, aber seine Kippsicherheit verbesserte). Er rollte serienmäßig auf 205/70 x 15-Reifen (gegenüber 195ern beim SJ 413), auch das Felgendesign war anders. Suzuki bot Breitreifen bis zur Größe 255/60 x 15 an. Dann war der Samurai mit seiner servolosen Kugelumlauflenkung nur mit gut trainierten Oberarmen zu steuern, und beim Rangieren bekamen selbst die einen Muskelkater. Das diagonal geteilte Zweikreis-Bremssystem hatte ebenfalls ein Ende, nunmehr trennte Suzuki in vorderen und hinteren Bremskreis. Die Handbremse wirkte nun auf die hinteren Trommelbremsen, nicht mehr auf das Hinterachsdifferenzial.
Auf den ersten Blick sieht der Samurai aus wie der SJ 413. Die breitere Achse und auch breitere Reifen bedingten neue, stärker ausgeprägte Kotflügelverbreiterungen aus Kunststoff, die Suzuki serienmäßig in Karosseriefarbe lackierte. Die Stoßstangen wurden breiter, um den Kotflügelverbreiterungen zu folgen. Neues Design für den Kühlergrill, das Mittelteil schwarz, die Scheinwerfereinfassungen in Wagenfarbe. Die seitlichen Blinker am Vorderkotflügel saßen nicht mehr vor, sondern hinter dem Radausschnitt, und die Außenspiegel erhielten eine neue Form.

Anfangs blieb die Samurai-Palette so vielfältig wie jene des SJ 413, die Standard-Modelle ohne Zierstreifen und mit silbern lackierten Stahlscheibenrädern, die Deluxe-Modelle mit neu gestalteten Sportfelgen mit zehn runden Löchern, zumeist weiß lackiert, es gab auch vollverchromte Felgen. Es blieb beim offenen Geländewagen als Standard und Deluxe, der Standard-Van trug das normale, der Deluxe-Van das erhöhte Dach, daneben bot Suzuki den Long an. Den Van bezeichnete Suzuki in der Werbung gern als »Limousine«. Die Palette variierte je nach Importeur, die Schweiz verzichtete beispielsweise auf die Standardversionen, in Österreich gab es nach wie vor die steuerbegünstigte Lieferwagenvariante.
Die Farbpalette im Premierenjahr 1989: Weiß, Silbermetallic, Grün, Türkismetallic, Braunmetallic, Blaumetallic, Dunkelblaumetallic, Dunkelrot, Anthrazitmetallic und Schwarz, wobei das Standardmodell nur in Unilackierungen und der Long nur in Weiß, Türkismetallic, Dunkelblaumetallic und Anthrazitmetallic erhältlich waren (Silbermetallic und Braunmetallic verschwanden schon 1990 von der Farbpalette, 1992 wurde Schwarz-Uni durch Schwarzmetallic ersetzt, 1995 gab es kein Türkis- und Blaumetallic mehr).
Im Samurai hielt ein neues Armaturenbrett Einzug, ansonsten innen keine gravierenden Änderungen (beispielsweise anders geformte Kopfstützen), und generell war das Samurai-Interieur stets in neutralem Grau gehalten, um zu möglichst allen Außenlackierungen zu passen. 1990 gab´s ein Drei- statt Vierspeichenlenkrad.

Keine Veränderung unter der Samurai-Haube gegenüber dem SJ 413. Ein Motor, an dem selbst ein Techniklaie die einzelnen Bauteile erkennen und zur Not daran herumschrauben kann. Der komplette Motor wiegt dank Aluminium nur 89 Kilogramm.

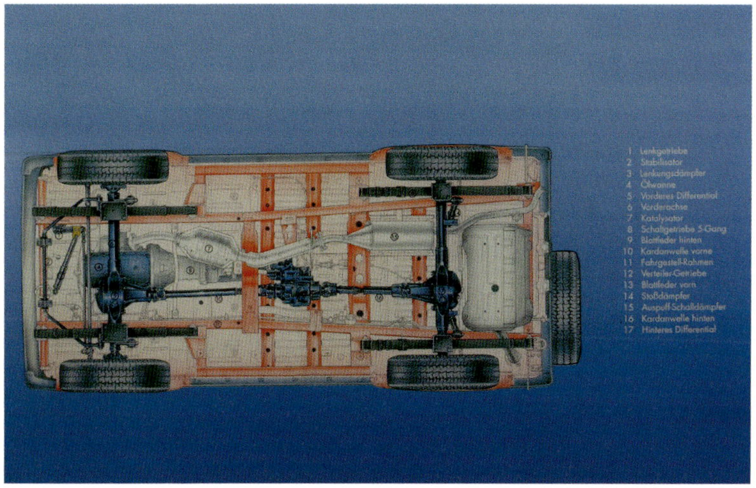

Gezeichneter Blick von unten auf den Samurai. Typische, archaische Geländewagentechnik mit zwei Starrachsen an Blattfedern und vom Verteilergetriebe ausgehend zwei Kardanwellen nach hinten und vorne.

Praktisch war die nunmehr geteilt umklappbare Rücksitzbank. Das Werkszubehörprogramm blieb sich inhaltlich treu und wurde in der Umsetzung aktualisiert. Vor allem waren immer breitere Räder und Reifen angesagt (mit Werkszulassung bis zu 255/60 x 15, mit Einzelabnahme noch breiter), was noch massivere Kotflügelverbreiterungen erforderte, und die Auswahl an individuell gestylten Alufelgen war schier unüberschaubar.
Ende der 80er waren auch Edelholz-Lenkräder und -schaltknüppel ungemein en vogue, Suzuki bot diverse an, auch Lenkräder mit Lederkranz. Das wurde damals gerne mit kleinen Perserteppichen im Fußraum kombiniert, die es allerdings nicht bei Suzuki, sondern eher im Kaufhaus gab. Nahezu kein Samurai wurde ohne Rammschutzbügel verkauft.
Nach nur einem Jahr der Samurai-Existenz erschien der Vitara. Auf ihn setzte Suzuki fortan, und er degradierte den Samurai. Je nach Importeur reduzierten sich die Ausstattungsversionen, vor allem verringerte sich das Engagement der Verkäufer, wenn sich ein Kunde für einen Samurai interessierte. Wie weiland bei VW, wo der Golf zuungunsten des Käfers durchgeboxt wurde, wollten die Suzuki-Händler lieber den teureren Vitara verkaufen.
Aber der Samurai wurde nicht eingestellt. Er lebte bis Jahresende 2004, wurde also 16 Jahre lang gebaut. Seine Evolution hielt sich in Grenzen und war weniger der Aktualität geschuldet als vielmehr den gesetzlichen Auflagen. Zum Modelljahr 1992 erfolgte ein kleines Facelift mit wieder neuem, nunmehr silbergrau lackiertem Kühlergrill (Suzuki-Logo statt »Suzuki«-Schriftzug), geändertem Sitzbezug- und Innenverkleidungsdesign sowie anders lackierten Felgen.
Das Wort »Facelift« insinuiert Änderungen am »Face« (= Gesicht), also an der Frontpartie eines Autos. Aber gerade beim Suzuki SJ spielte das »Face« und somit dessen Lifting kaum eine Rolle, weil er auf der Straße fast immer frontal maskiert auftrat – und zwar durch Bullbars mit mehr oder weniger vielen Zusatzleuchten, die den Kühlergrill ohnehin verdeckten. Dabei erlebte gerade der Suzuki SJ die Hochphase der Debatte um das Vermummungsverbot Mitte der 80er Jahre, die darin gipfelte, dass die Vermummung 1989 bei Versammlungen zur Straftat erhoben wurde.

Das Gleiche nochmals, nicht schematisch gezeichnet, sondern fotografiert: hellgrau Achsen, Blattfedern, Verteilergetriebe und vorderer Stabilisator, rot der Kastenrahmen.

Kernspintomographie: Röntgenblick durch den Samurai, der das stabile Kastenrahmenchassis offenbart. Gut zu sehen auch die beiden Schalthebel, der kleine schaltet den Allradantrieb zu. Viele Samurai-Fahrer rührten ihn ein Autoleben lang nicht an und wussten wohl auch nicht, wozu er gut ist.

Modernisierungsschub: Neues Armaturenbrett für den Samurai in »typgerechtem sportlichem Styling« (O-Ton 1989er-Prospekt), die Mittelkonsole bis nach oben verlängert, serienmäßig Stereo-Cassetten-Radio Typ »Suzuki-Lugano« (weiter unten eingebaut, auf dem Foto nicht zu sehen). Am freien Platz rechts der Digitaluhr könnten, sofern gegen Aufpreis geordert, die beiden Rundinstrumente für Höhen- und Neigungswinkelanzeige sein.

Limousinchen: Teppichboden und warme Stoffsitze im Normaldach-Van. Gut zu sehen die durchbrochenen Kopfstützen, eine Mode des Jahrzehnts. Man sprach von »Rahmenkopfstützen«. Zu den Wegbereitern gehörte 1978 Citroën mit dem CX GTI. Und dann machten es alle nach.

Lauter Edelflitzer: Von Sondermodell zu Sondermodell

Kaum jemand kaufte einen SJ Samurai, wie er im Prospekt stand. Es hatte sogar kaum jemand eine Möglichkeit dazu. Denn in den Suzuki-Ausstellungsräumen standen stets Sondermodelle herum, welche das bessere Angebot darstellten als ein reines Fließbandmodell. Es hatte all das bereits an Bord, womit der Serien-Suzi ohnehin hätte geschmückt werden sollen. Suzuki Deutschland war ein relativ kleines und daher flexibles Unternehmen. Die Sondermodelle wurden zumeist in Kooperation mit dem Werk erstellt. Manchmal wurde eine (unbekannte) Zahl reiner Fließband-SJ bei Suzuki Deutschland umgerüstet, mit Werkszubehör aufgepeppt, mit Dekorstreifen und bunten Sitzbezügen verziert. Manchmal orderte Suzuki Deutschland auch eine spezielle Anzahl speziallackierter Samurais in Japan (oder später in Spanien) und rüstete diese dann auf. Wobei sich das »Aufrüsten« nicht nur auf die pure Optik beschränkte, sondern durchaus auch Fahrwerksmodifikationen mit einschließen konnte. Und was Suzuki Deutschland tat, machte jeder andere Importeur auch. Die Anzahl europäischer Samurai-Sondermodelle ist unüberschaubar, und weil den Importeuren irgendwann die schlagkräftigen Bezeichnungen ausgingen, hatten die Sondermodelle dann nicht mal mehr einen Namen. Sie wurden nur als »Sondermodell« vermarktet, und letztlich gab es fast ausschließlich Sondermodelle. Sie zielten stets auf die junge Spaßgesellschaft, sie waren weniger Offroader (dazu waren sie zu hübsch lackiert und verziert) als vielmehr »Funzeuge«, urbane Spaßvehikel für die Leopoldstraße, die Kö und alle anderen Boulevards, auf denen damals noch mit Autos gefahren werden durfte und heute meistenteils nur noch flaniert wird. Autos zeigen darf man dort heute nicht mehr. Und auf dem Truppenübungsplatz spielen durfte keiner von denen, die zum Posen gemacht waren.

In dieser Zeit waren auch Airbrush-Gemälde auf Motorhauben sehr en vogue (teuer von Künstlern erstellt, ein Grund mehr, niemals off-road zu gehen). Der König der 80er-Jahre-Lackierer war Walter Maurer, der sogar für Andy Warhol schon den Pinsel führte und berühmt wurde für die legendären BMW Art-Cars ab 1975, später spezialisierte er sich auf Farbverläufe. 2002 gestaltete er sogar einen Eurofighter, aber zuvor ganz viele ganz tolle Autos. Auch Suzuki Deutschland engagierte ihn und punktete mit Maurers Können und seinem damals prominenten Namen (und man kennt den

Schon der reguläre Prospekt vom März 1990 machte Appetit auf die Sondermodelle. Seinen Titel ziert eines, obgleich im Inneren davon keine Rede ist. Suzuki Deutschland in München war in den 90ern ein ungemein sympathisches Team (der Autor hatte viel mit der Pressestelle zu tun, er war damals Mitarbeiter der Zeitschrift Off Road), aber so manches verlief eher intuitiv als professionell. So auch diese Titelgestaltung.

Der erste der drei von Walter Maurer gestalteten Samurais, auf der 1. Internationalen Offroad-Messe IOR in München als Publikumsmagnet gestaltet.

Das ist der zweite Maurer-Samurai, noch bunter. Diese einzigartigen Geländeflitzer waren tatsächlich eine absolute Attraktion. Selbst in der Münchner Tagespresse waren sie der Aufhänger, wenn von der IOR berichtet wurde.

Daneben zeigte Suzuki seine serienmäßigen Samurais, ebenfalls farblich gepimpt mit viel Klebefolie und, im konkreten Fall, mit Verdeck und Bullbar in Feuerrot.

Vermutlich handelt es sich bei diesem bunten Vogel um den dritten Maurer-Samurai. Keines dieser Farbkleider gab es je ab Importeur zu kaufen.

Aber solche Sächlein konnte man ab Februar 1997 kaufen. Suzuki Deutschland kreierte dafür extra den Namen »Suzuki Fun Factory« (und meinte sich selbst). Die Copyright-Kosten an Peyo für die Schlümpfe und Walt Disney für das Dschungelbuch waren sicherlich kein Pappenstiel.

»Fun unlimited« versprach die »Suzuki Fun Factory« mit dem Sondermodell Outdoors vom April 1995, innen mit Sitzbezügen in Blau-Weiß, und sogar die Türinnenseiten wurden im lackierten Bereich mit Klebern verziert. Gleichzeitig gab es auch einen ähnlichen Vitara Outdoors.

Auf der zweiten IOR 1990 legte Suzuki nach und zeigte einen Big Foot, der auch bei einem Baja-Rennen in Kalifornien eine gute Figur gemacht hätte. Ein reines Show-Fahrzeug ohne Chancen auf Zulassung für den deutschen Straßenverkehr.

82-jährigen heute noch!). Auf Offroad-Ausstellungen machten die drei im Herbst 1989 von Maurer gestalteten Samurais Appetit auf das, was Suzuki im Ausstellungsraum stehen hatte.
Der Samurai wurde ganzkörpertätowiert und gepierct, mit Zubehör- und Anbauteilen getunt und individuell lackiert. Sehr viele Zubehörteile sahen martialisch und offroadig aus, ohne es zu sein, weil sie im harten Gelände jämmerlich versagt hätten. Mit breiten Straßenreifen ist ein Auto im Modder schlechter unterwegs als mit schmalen, vermeintlich stabile Trittbretter aus gebürstetem Stahl glänzen schön, verringern aber die Luft unterm Auto, genau so wie Auspuffrohre, die seitlich enden (»Side Pipes«). Und Rammschutzbügel, die nur auf die Stoßstange aufgeschraubt sind, sehen zwar eindrucksvoll aus, klappen aber bei der geringsten Feindberührung nach hinten weg und reißen im übelsten Fall auch noch die Stoßstange aus ihrer Verankerung. Es ging um Show und Posen. Eine Seilwinde war an den meisten Samurais nur ein optischer Gag, wurde aber nie gebraucht. Aber als Gebrauchsfahrzeug sah den Samurai ohnehin kaum jemand. Er war ein Lifestyle-Accessoire der Spaßgesellschaft.

Ebenfalls bunt und mit Seitenstreifen versehen, ebenfalls etwas Besonderes, aber kein Fun-Zeug, sondern ein Einsatzfahrzeug beim THW Neckargemünd. (Foto: Radoslaw Drozdzweski)

Suzuki war in der Gestaltung sehr kreativ und sogar bereit, Lizenzgebühren zu bezahlen, um gewisse Graphiken oder Figuren nutzen zu dürfen. So gab es beispielsweise 1997 ein Schlumpf-Sondermodell, auf dessen Türen ein sportlicher Schlumpf auf dem Surfbrett steht, oder ein Dschungelbuch-Sondermodell mit Urwald-Dekor und Figuren von Mogli und Bagheera aus dem Disney-Film (Suzuki-Werbung: »Der letzte Schrei, einfach tierisch!«). Diese Sondermodelle kreierte die selbst erschaffene »Suzuki Fun Factory« und versprach: Damit »sehen Sie gut aus und kommen noch besser an«, obendrein »stehlen Sie den anderen die Schau«. Immerhin wurde der jugendliche Kunde damals noch gesiezt. Derartige Modelle sahen natürlich gut aus. Heute dürfte wohl kein originales Sondermodell mit derartiger Dekoration noch existieren. Denn Suzuki hielt von den Klebesets logischerweise nur eine kleine Anzahl als Ersatzteil vorrätig. Wenn der Samurai nach einer kleinen Kollision eine Kotflügelneulackierung benötigte und kein Klebeset mehr zur Verfügung stand, entschloss sich der Eigentümer zumeist, die Aufkleber auch von den anderen Karosserieteilen zu entfernen.

Und schon war Suzilein nicht mehr schlumpfig, sondern ein ganz normaler Samurai.

Spanier übernahmen den europäischen Samurai-Markt, Santana als Konquistador. Auf dem Heimatmarkt und in Portugal wurden sie als »Santana-Suzuki« vermarktet. Ansonsten thematisierte Suzuki die spanische Produktion nicht – so wenig wie Nissan. Deren Patrol für die europäischen Märkte kam ab 1981 ebenfalls aus Spanien, nachdem Nissan die Mehrheit an Ebro übernommen hatte.

Auf heimischem Boden fotografiert: Santana-Suzuki SJ 413 Long in Spanien. (Foto: Schumi4ever)

Der Samurai wird europäisch

In den 80er Jahren stießen japanische Fahrzeuge in Europa immer noch teilweise auf Ablehnung. Der voller Ressentiments steckende Begriff der »Gelben Gefahr« wurde seitens der europäischen Automobilindustrie beschworen, die gerne an ihrer etablierten (und kritisierten) Aufpreispolitik festhalten wollte. Dadurch wurden europäische Autos teuer, an Extras verdienten die Hersteller gut. Japanische Fahrzeuge hingegen waren mehrheitlich All-inclusive-Produkte, obendrein qualitativ sehr gut, mittlerweile entsprachen sie auch dem europäischen Geschmack, nachdem der »Japan-Barock« Ende der 70er verschwunden war, und darüber hinaus galt auch das Argument eines nicht flächendeckenden Service nicht mehr. Die von Automobillobbyisten verbreitete Sentenz der »Gelben Gefahr« wurde von der (Fach-)Presse aufgegriffen und von der Allgemeinheit geglaubt.

Die japanischen Hersteller reagierten darauf und auf durchaus vorhandene Importrestriktionen mit europäischen Montagewerken, manche fusionierten mit etablierten Herstellern. Diesen Weg ging auch Suzuki und kaufte sich bei Santana in Spanien ein. Die Firma hatte Geländewagenkompetenz, seit 1956 produzierte sie den Land Rover in Lizenz, der sich vom Original zunehmend emanzipierte. 1986 endete die Zusammenarbeit Santanas mit Land Rover, jene mit Suzuki begann.

Fünf Jahre später war Suzuki Mehrheitsinhaber von Santana, was bis 1995 galt. Dann ging die Anteilsmehrheit an den spanischen Staat zurück, Suzuki stellte jegliche Unterstützung ein. Ab 1986 produzierte Santana die SJ-Modelle für den europäischen Markt, welche Suzuki offiziell vertrieb. Nach dem Ende der Zusammenarbeit 1995 lief die Produktion zwar bis 2003 weiter, aber die Fahrzeuge hießen nicht mehr Suzuki, sondern Santana, und Santana war von der japanischen Weiterentwicklung des Fahrzeugs abgehängt (weswegen in Spanien auch nie die modifizierten Schraubenfeder-Samurai gebaut wurden).

Ein letztes Facelift erhielt der Samurai zum Modelljahr 1999: Vorderblinker und Standlichter wurden in die Frontmaske neben die Hauptscheinwerfer verlegt, erneut ein neuer Grill mit drei Querstreben, sogar mit Chromleistchen. Zum Herbst 1999 verbaute Santana einen französischen Indénor-XD-Turbodieselmotor (Indénor ist die Motorenmarke von Peugeot), 1905 cm³, je nach Markt 62

Der letzte Aufguss, der Samurai der Jahre 1998 bis 2004, und der letzte deutsche Prospekt, denn Suzuki Deutschland stellte im Jahr 2000 den Import ein – was zu großem Wehklagen bei den Fans führen sollte. So groß, dass es 2003 noch eine letzte Renaissance geben sollte. Aber zum Jahresende war endgültig Schluss, denn dann stellte Santana die Produktion ein.

Die letzten Samurai gab es mit Turbodieselmotoren, zunächst von Indénor, dann von Renault. Sie verkauften sich in jenen Ländern bestens, in denen Dieselöl damals wesentlich preiswerter war als Benzin (also Frankreich und Italien). Das Bild entstand in den Haute-Pyrénées in Frankreichs Süden an der spanischen Grenze. (Foto: JLPC)

oder 69 PS. Dieser Motor war schon damals ein Alteisen, aber hunderttausendfach bewährt, eine Konstruktion aus den späten 50er Jahren. Weil er die immer rigideren Umweltbestimmungen nicht mehr erfüllte, wurde er 2001 durch einen Renault-Diesel mit Direkteinspritzung ersetzt, 1870 cm^3, 63 PS.

Nach dem Jahr 2000, als Suzuki Deutschland den Import des Samurai offiziell beendete, kamen über freie Händler Santana Samurais ins Land, teilweise recht preiswert angeboten. Aber mit Ausnahme des Motors, der stets in Japan hergestellt wurde, war die Qualität der spanischen Santana Samurai deutlich unter dem gewohnten Standard. Ende 2002 nahm Suzuki Deutschland den Import für ein knappes Jahr wieder selbst in die Hand und bot Santana Samurai offiziell bis Juli 2003 an, jedoch nur den Normaldach-Van und den Pick-up (so hieß nunmehr der ehemalige Long mit einem fest verschraubten Hardtop über der Fahrerkabine) – und hätte den Import wohl noch fortgesetzt, aber Santana stellte damals die Produktion ein. In Japan lief sie noch bis Dezember 2004. Und in anderen Ländern weit länger.

Die letzten Samurai in Deutschland vermarktete Suzuki als reine Zweckfahrzeuge (»Die zuverlässigen Alleskönner«, »wirtschaftlich und belastbar«), nicht mehr als Fun-Zeuge, denn es gab keinen offenen Geländewagen mehr. Dafür erhielt der Van eine Zweifarbenlackierung, der untere Teil der Karosserie, die Kotflügelverbreiterungen sowie die Front- und Heckschürze waren stets in Champagne Gold Metallic lackiert, als Karosseriefarbe gab es Cats Eye Blue Metallic, Blue Black Pearl Metallic, Grove Green Pearl Metallic und als einzigen Uni-Farbton Superior White. Die Pick-ups waren in denselben vier Farbtönen erhältlich, aber einfarbig. Nach wie vor bot Suzuki den G13B-Benziner mit 69 PS (statt zuvor 70) an, zusätzlich den 63 PS starken Renault-Turbodiesel. Und dieser hatte neuerdings sogar eine Servolenkung!

Ein Long in Chalon-sur-Saône im Burgund. Bis zuletzt war der Samurai in Frankreich ein Bestseller – nicht mehr als Spaßmobil, sondern als treuer und preiswerter Gebrauchswagen im rustikalen Bereich.
(Foto: Guillaume Vachey)

Die letzten Samurai ab 1998 bekamen nochmals ein neu gestaltetes Armaturenbrett (also das dritte in seinem 23-jährigen Leben). Die Vorhergehenden waren relativ nüchtern und funktional, wovon das Neue keine Ausnahme machte. Der helle Hintergrund der Uhren war ein Zugeständnis an den Zeitgeschmack.

Nur noch als Normaldach-Van und als Long importierte Suzuki Deutschland die letzten Samurai, nicht mehr als offene Geländewagen. Neuer Grill und andere Position von Blinker und Standleuchten anlässlich des letzten Facelifts 1998.

Zuletzt bot Suzuki Deutschland kein lustiges Offroad-Zubehör mehr an, sondern vermarktete die Fahrzeuge sehr pragmatisch: »Auf der rund zwei Quadratmeter großen Ladefläche (...) lassen sich vielerlei Frachtstücke einfach verstauen. Seine weit schwenkbare Hecktüre erleichtert dabei das Be- und Entladen.« Das klingt nicht mehr nach Suzuki Fun Factory und schlumpfigem Fun unlimited.

Man muss genau hinsehen, von außen. Im Normalfall ist der Unterschied nicht zu sehen. Dieser anthrazitmetallicfarbene Samurai im rumänischen Székelyudvarhely/Erdély demonstriert gerade seine Verschränkung, und man sieht im Bereich vor dem Vorderrad, dass er vordere Blattfedern trägt, also ein »normaler« Samurai ist … (Foto: Kapusi-Zalán)

.. .und dieser in Chile in voller Fahrt aufgenommene rote Van gibt ebenfalls Aufschluss über sein Fahrwerk. Man sieht zwar nicht die Schraubenfedern. Aber man sieht, dass man keine Blattfedern sieht. Also muss er ein »Coily« sein. (Foto: Order-242)

Sie nannten ihn »Coily«

In Japan erlebte der Samurai seine eigene Evolution, von welcher der europäische Kunde wenig profitierte. Japanische Ausstattungsmodifikationen flossen zwar auch in die Santana-Produktion ein, solange Santana und Suzuki offiziell miteinander verbandelt waren. Aber nach 1995, als das Band durchschnitten wurde, nicht mehr. So profitierte Europa nie vom »Coily«. So wird szeneintern der Suzuki Samurai mit vorderen Schraubenfedern genannt (intern heißt er SJ 80). »Coily« deshalb, weil »Schraubenfedern« auf englisch »coil springs« heißt. Der Coily wurde ausschließlich in Japan hergestellt, aber in keinem der weltweit vorhandenen Werke, die den Samurai in Lizenz produzierten oder montierten. Coilys sind in Westeuropa echte Raritäten, es kamen nur wenige über freie Importeure oder gar privat importiert ins Land.

Es blieb bei der vorderen Starrachse, aber die Blattfedern wichen Schraubenfedern. Man kann sagen, dass Suzuki am Coily-Samurai das neue Fahrwerk für den Jimny der Generation FJ (in Produktion ab 1998) erprobte. Parallel zum Schraubenfederfahrwerk erlebte der Samurai in Japan weitere Modifikationen (neue Sitze, Armaturenbrett, Lenkrad, Gestaltung der Türen).

Auf dem europäischen Kontinent war der »Coily« vor allem im Osten erhältlich (Ukraine, Rumänien, Tschechien, Russland), auch in der Türkei, darüber hinaus Malta, Cypern, Island und Finnland. Produktion zwischen 1996 und 1998, dann Ablösung durch den Jimny FJ.

Spanische Samurais sind in Westeuropa vorwiegend zu sehen. Aber nur jene für den spanischen Heimatmarkt und für Portugal tragen im Grill den zusätzlichen »Santana«-Schriftzug.

Der Suzuki Samurai weltweit

Suzuki ist global engagiert, und weil der SJ weltweit ein Erfolg war, wurde er auch in nahezu jedem Suzuki-Werk gebaut. Das erfolgte ganz unterschiedlich, je nach Möglichkeiten im jeweiligen Land, und oftmals spielte auch die dortige Gesetzgebung eine Rolle. Es gab Werke, die den SJ komplett produzierten, andere montierten ihn aus angelieferten Teilen (entweder aus Japan oder aus einem anderen Werk). Weil die Wertschöpfungskette der Montage-Suzuki im jeweiligen Land so hoch wie möglich sein sollte, kamen bei ihnen etliche lokale Zulieferteile zum Einsatz (so Lacke, Stoffe, Elektrik, Reifen et cetera), wodurch sich die SJ aus den jeweiligen Betrieben voneinander unterschieden. Während die Santana-Suzukis in Westeuropa zeitweise dominant waren, spielten die Fahrzeuge aus exotischen Ländern hier keine Rolle. Die Produktionsstätten seien der Vollständigkeit halber erwähnt.

In Indonesien gab es von Indomobil Suzuki International den Hochdach-Van als Katana und den Pick-up auf langem Chassis mit verlängerter Fahrerkabine (fast schon eine Crew Cab) als Caribean. Lion Suzuki Motor in Malaysia baute ihn als Jimny, langer Pick-up und Van mit Normaldach (Jimny 1300 Metal Top). In Indien hieß er Gipsy King, offener Geländewagen und Van mit Normaldach, produziert von Maruti Udyog in Neu Delhi. Siam Nissan Automobile in Bangkok/Thailand nannte den offenen Geländewagen Suzuki Caribean Sporty. Auf den Namen Suzuki Potohar hörte er bei der Pak Suzuki Motor Co. in Karachi/Pakistan. All diese Fahrzeuge verfügten über das Blattfeder-Fahrwerk. Sie überlebten den japanischen SJ um viele Jahre. Bis 2010 liefen alle Montage-Samurai aus, lediglich Maruti Udyog in Indien und deren Filiale Pragoti Industries in Bangladesh hatte den Gipsy King noch länger im Angebot, und freie Importeure brachten indische Samurai nach Griechenland, Malta und in die Niederlande, anfangs parallel zu den offiziell importierten »Originalen«, später, weil die Samurai-Nachfrage auch dann nicht enden wollte, als die Samurai-Produktion in Spanien und Japan längst geendet hatte. Wahrscheinlich würden einige Liebhaber noch heute einen Samurai kaufen, wenn es ihn noch fabrikneu gäbe.

Das Holden-Emblem, also den stilisierten Greif, im Grill und für unsere Augen ungewohnte Breitbandscheinwerfer: Holden Drover aus Australien, hier als Hochdach-Van mit Panoramafenster und schicker Metalliclackierung. (Foto: Holden)

Auf einer indischen Baustelle, im indischen Schlamm, mit einem indischen Bagger im Hintergrund und einem indischen Fahrer am Volant: Maruti Gipsy King im indischen Nachbarland Bangladesh im Jahre 2001. (Foto: Shadman Samee)

Und hier tatsächlich in Indien, als Besucher im Kazuiranga National-Park. Der »Maruti«-Schriftzug auf der Haube, lediglich ein Aufkleber, ist schon etwas mitgenommen. (Foto: PP.-Yoonus)

Stoppelhopser: Lion-Suzuki Jimny Metal Top (so heißt in Malaysia der Samurai Long mit festem Dach über der Fahrerkabine) bei einer lokalen Rallyeveranstaltung. (Foto: Rudger van der Maar)

Auch er nicht im besten Pflegezustand, denn er wird zur Arbeit herangezogen und erlebt einen Pflegenotstand: Gipsy King in Diensten der indischen Armee, 2015 aufgenommen nach über zehn Dienstjahren. (Foto: Dassurojitsd)

Weiter nach Südostasien, nach Malaysia: Lion-Suzuki Jimny 1300. Zu den humiden, feuchtheißen Tropen gehört regelmäßiger Monsunregen, und somit ist ein Lion-Suzuki auf nassem Asphalt eher die Regel als die Ausnahme (Südwestmonsun von April bis Oktober, Nordostmonsun von Oktober bis Februar, niemals gar kein Monsun, und Monsun bringt Wasser von oben). (Foto: Rudger van der Maar)

Jetzt Indonesien: Indomobil-Suzuki in Jakarta nannte den Hochdach-Van Katana und verzichtete auf die Panoramafenster. Der Katana ist die Luxusversion, der normale offene SJ Samurai heißt dort Suzuki Super Jimny. Sein luxuriöser Charakter ist diesem Katana durchaus anzusehen, und diese Felgen dürften so manchem Samurai-Fan das Wasser im Munde zusammenlaufen lassen. (Foto: Alex Neman)

Ebenfalls ein Indomobil Katana, etwas älter, mit Rechteckscheinwerfern, wie wir sie schon am australischen Holden Drover gesehen haben. (Foto: Jual Beli Mobil Tangerang)

Ein letzter Indomobil-Suzuki, unser Samurai Long, der dort Caribean SJ 413 WK heißt und immerhin in Metallictönen angeboten wurde. (Foto: Greg Gjerdingen)

Kaum anders als die Europa-Versionen, aber natürlich massivere Stoßstangen, hinten mit seitlichen Reflektoren. Der seitliche Vorderblinker sitzt auf jener Aussparung, die beim Europa-Samurai mit einem »Samurai«-Schriftzug kaschiert wird. Und wo bei diesem der Seitenblinker zu finden ist, steht beim US-Modell »Samurai«.

Samurai in den USA: Instant Hit und ein Annus Horribilis

Die USA sind ein solch großer und solch spezieller Markt, dass jedes in vernünftiger Stückzahl dorthin exportierte Fahrzeug seine eigene Geschichte erlebt. Suzuki war zunächst skeptisch und beabsichtigte zum Modelljahr 1986, rund 1200 Exemplare monatlich abzusetzen. Weit gefehlt! Der Kleine war ein Instant Hit, vielleicht nicht zuletzt dank des pfiffigen Werbeslogans »Beep, beep, hi!«. Jeder junge Mann wollte einen, rund um die Unis und am kalifornischen Strand war er das angesagte Spielzeug, und im ersten Jahr verkaufte Suzuki 8000 Stück monatlich, 47.000 im ersten Jahr, 150.000 innerhalb von drei Jahren. Kein anderes japanisches Importauto war in den USA und Kanada erfolgreicher – und das, obwohl der Samurai eines der ganz wenigen Autos auf dem US-Markt war, das nicht mit Automatik lieferbar war.

Den Van gab es nur während der ersten drei Jahre, seine Verkäufe waren marginal, aber der offene Geländewagen ging weg wie warme Jeeps. Die Amerikaner erkannten sein Offroad-Potenzial, er war ein beliebtes Tuninggerät. Doch 1988 war für den Samurai in den USA das Annus Horribilis. Der starke Yen verteuerte das Auto signifikant, gleichzeitig stolperte der Samurai in den USA über den (bei uns) sogenannten Elchtest und kippte beim Ausweichen um. Witze wurden in den USA über ihn gerissen: »Have you seen the 1989 Samurai? It has a sunroof in the floor.« Suzuki USA tat das Falscheste, was sie machen konnten: Sie verklagten das Verbraucherportal Consumer Reports, das den Test durchgeführt und den Samurai umgeworfen hatte, was die Sache natürlich nicht diskret beendete, sondern öffentlichkeitswirksam über sechs Jahre in die Länge zog.

Zwischen 1991 und 1993 gab es den Samurai in den USA auch als reinen Hecktriebler, stets nur als offenen Geländewagen, kein Van, kein Long (diesen aber in Kanada). Der Offene war ab 1994 ein reiner Zweisitzer, keine Rücksitzbank mehr, weil die Sicherheitsgurte nicht in der in den USA vorgeschriebenen Höhe hätten befestigt werden können (reine Beckengurte waren nicht mehr erlaubt). Aufgrund der rigiden Emissionsregeln kein Verkauf mehr nach 1995. Stolze 206.419 Exemplare wurden in den USA und Kanada (wo der Import bereits 1989 endete) abgesetzt. Wie überall wurde der Samurai auch in den USA vom Vitara abgelöst, der dort allerdings Sidekick hieß.

Erwähnenswert ist die Aktion der beiden Chilenen Gonzalo Bravo und Eduardo Canales: Sie erreichten am 21. April 2007 mit einem modifizierten Samurai den absoluten Höhenrekord für allradgetriebene Autos, indem sie den Vulkan Ojos del Salado erklommen (6688 Meter) und damit den bisherigen, mit einem Jeep Wrangler erreichten Rekord toppten. Erst 2020 wurde dieser Rekord gerissen mit einem Unimog, der denselben Vulkan hinaufkletterte, aber eben ein paar Meter höher kam.

Der Van in US-Version. Recht nett sind die Nebelscheinwerfer mit Abdeckung auf der Stoßstange.

Ein 86er Samurai JX, ziemlich serienmäßig und unspektakulär, eben einer von 206.419 in den USA und Kanada verkauften. (Foto: George)

Schickes US-Exemplar in Türkisblaumetallic, die Felgen offensichtlich verchromt und im inneren Bereich lackiert.

Suzilein en miniature: LJ und SJ für die Vitrine

Die Suzuki-Geländeflöhe gehörten nie zur ersten Wahl von Spielzeug- und Modellautoherstellern. Vom LJ gab es keine zeitgenössischen Miniaturen, vom SJ ein paar Spielzeugautos im Matchbox-Maßstab. Erst als Klassiker wurden sie für Modellautoproduzenten interessant. Den LJ gab es als Plastikbausatz im Maßstab 1:24 von Nichimo in Japan, heute ist er als Teil einer 1:24-Partworkserie für den japanischen Markt als Zinkdruckgussmodell von Sum`s erhältlich, bisher aber kein Europa-Export. Ein Resinemodell in 1:43 machten Neo und der japanische Hersteller Look Smart. Interessant ist ein sehr detailliertes 1:43-Modell eines unbekannten Herstellers, das es 2010 in Japan zusammen mit einem gleich gemachten Jimny FJ direkt von Suzuki gab: Das Set feierte 40 Jahre Suzuki-Geländewagen und ist heute unter Sammlern heiß begehrt. Es war nur auf dem japanischen Heimatmarkt und nur direkt bei Suzuki erhältlich. Etwas breiter aufgestellt ist der SJ. Wie den LJ gibt es auch ihn als 1:24-Fertigmodell von Sum`s für eine japanische Partworkserie, als offenen Geländewagen ebenso wie als Van. Spielzeugautos machte

2010 brachte Suzuki selbst ein Set mit zwei Stoppelhopsern heraus, nicht käuflich, nur an VIPs verschenkt anlässlich 40 Jahre Suzuki-Geländewagen. Inhalt ein LJ 10 von 1970 und ein aktueller Jimny FJ, hervorragende Zinkdruckgussmodelle. Ein Hersteller gibt sich nicht zu erkennen. (Foto: afs)

Der LJ 10 unbekannter Herkunft ist eine wahre Schönheit, und außer in dem Suzuki-Set tauchte er nie wieder im Modellautokosmos auf. Es gibt sicherlich etliche 1:43-Sammler, die ihn jederzeit kaufen würden, wenn sie nur könnten. (Foto: afs)

Look Smart in Tokio macht ganz feine und teure Kleinserienmodelle aus Resine, hauptsächlich Super Cars, wagte aber auch mal einen Ausflug ins Gelände. 2003 präsentierte Look Smart den LJ 80 in unübertrefflicher Qualität und für damals schwindelerregende 100 Euro. Das waren Ferrari-Kunden bereit zu zahlen, aber nicht LJ-80-Liebhaber. (Foto: Look Smart)

Santana/Suzuki Samurai von 1992 in 1:43, von AHC im Auftrag von Suzuki Niederlande als Industriemodell gefertigt. AHC geht auf den spanischen Traditionalisten Pilen zurück, 1986 von Johannes van Rijm im niederländischen Epe aufgekauft und in Artec/AHC umbenannt. (Foto: afs)

Siku in 1:55, MC Toys/Edocar in 1:66, Maisto und Mattel Hot Wheels in 1:64 sowie Matchbox in seiner Super-Kings-Serie in zirka 1:36. Plastikkits in 1:24 kamen von Testors und JDM. Im »Wiking-Maßstab« 1:87 nahm sich Rietze des SJ 413 an, offen und als Van, viele Farbvarianten. Hochwertige 1:64-Miniaturen kommen aktuell von BM Creations und Aoshima. Spannend und in unseren Breitengraden selten ist ein indisches Spielzeugauto, ein Samurai Pick-up als Feuerwehrfahrzeug in zirka 1:36 von Fun Toyz aus Kunststoff. Zwei schöne Dreiundvierziger gab es: Im Auftrag von Suzuki Niederlande fertigte AHC ein zeitgenössisches Zinkdruckgussmodell, etwas zerbrechlich, aber sehr schön, heute relativ selten. Ixo macht einen Normaldach-Van in mehreren Ausführungen, der unter diversen Markennamen vertrieben wird: Als Partwork-Modell gibt es einen zivilen Van, in einer Serie mit Polizeiautos aus aller Welt kam er als malaysisches Polizeifahrzeug und unter der Marke First 43 Models ebenfalls als ziviler Van, aber deutlich aufwändiger gemacht als die Partwork-Version. Wer sich um Suzuki LJ und SJ als Miniaturautos bemüht, braucht zwar einigen Spürsinn, um sie alle zu bekommen, aber keine allzu große Vitrine.

Ixo ist eine Fachhandelsmarke von Sonic. Der zivile SJ 410 Van wurde für den Tokioter Großhändler Kokusai Boeki Kaisha gefertigt, der seine Modelle unter der Marke First 43 vertreibt, das malaysische Polizeiauto stellt einen Lion-Suzuki SJ 410 dar, gefertigt von Sonic für eine Partwork-Serie, die sich Polizeiautos weltweit widmet. (Foto: afs)

Ein Coca-Cola-Schriftzug ist immer attraktiv. Und er spricht neben Miniaturautoliebhabern auch Coca-Cola-Devotionaliensammler an. SJ 410 in 1:66 von Edocar aus den Niederlanden. So heißen dort die importierten MC-Toy-Modelle, und das wiederum steht für May Cheong, einen Hongkong-Hersteller. (Foto: afs)

Spielzeugauto aus Indien, hierzulande eher rar: Fun Toyz, die Marke von K. N. Interplast, existiert seit 1994 und machte auch ein Feuerwehrfahrzeug auf Basis des Maruti-Suzuki Gipsy MG410 Sports. Dank Rückzugmotor geht er ab wie Nachbars Lumpi. (Foto: afs)

Kleine Vielfalt: SJ 410 von Rietze in 1:87, offener Geländewagen mit und ohne Verdeck sowie Van, farbenfroh und lustig – ganz wie in echt. (Foto: Kurt Richter)

Anhang: Tabellen

	Suzuki LJ 80	Suzuki SJ 410
Baujahr	1970 (LJ 10) bis 1983 (LJ 55)	September 1981 bis 1988
Lieferbarkeit in Deutschland	April 1980 bis Ende 1983	Frühjahr 1982 bis 1988
KAROSSERIE	offene Stahlkarosserie, auf Kastenrahmen geschraubt	offene o. geschlossene Stahlkarosserie, auf Kastenrahmen geschraubt
Rahmen	Kastenrahmen mit Traversen	Kastenrahmen mit Traversen
Leergewicht (kg)	ab 800	offen ab 870, geschlossen ab 890, geschlossen (lang) ab 940
MOTOR	Otto, Typ F 8 A	Otto, Typ F 5 A
Zylinderzahl, -anordnung	Reihenvierzylinder	Reihenvierzylinder
Hubraum (cm³)	797	970
Leistung (PS bei U/min)	41 bei 5750, ab Anfang 1981: 39	45/55 bei 5500
Gemischaufbereitung	1 Horizontalvergaser Mikuni 32 PHD	1 Registervergaser Mikuni-Solex
KRAFTÜBERTRAGUNG	Heck- oder zuschaltbarer Allradantrieb	Heck- oder zuschaltbarer Allradantrieb, Reduktionsgetriebe, vordere Freilaufnaben
Getriebe	Viergang	Viergang
Untersetzungsverhältnisse	I. 3,84; II. 2,36; III. 1,54; IV. 1; R. 4,03; Reduktionsgetriebe 2,587	I. 3,138; II. 1,947; III. 1,423; IV. 1; R. 3,466; Reduktionsgetriebe: I. 1,58; II 2,511
FAHRGESTELL		
Achsen	vo. & hi. starr, Blattfedern, Teleskopstoßdämpfer	vo. & hi. starr, Blattfedern, Teleskopstoßdämpfer
Reifen	6.00-16 oder 195 SR 15	195 SR 15
Bremsen	vo. & hi. Trommeln, a.W. vo. Scheiben	Servo, vo. & hi. Trommeln, a.W. vo. Scheiben
Lenkung	Zahnstange	Zahnstange/Kugelumlauf
DIMENSIONEN		
Radstand (cm)	193	203
L x B x H (cm)	319,5 x 139,5 x 189	343 x 146 x 169; Höhe des Van 182,5; lang: 401 x 146 x 169
Spur vo./hi. (cm)	112,5/118	121/122
Bodenfreiheit (cm)	24	20,5 bis 22,5
Wendekreis (m)	9,8	10,4/11
FAHRLEISTUNGEN		
Höchstgeschwindigkeit (km/h)	105	107/112
Verbrauch nach ECE-Norm (l/100 km)	9 bis 12	8,5 bis 10,4

Technische Daten der Europa-Versionen

Suzuki SJ 413 / SJ Samurai	Suzuki SJ 413 1,9 TD Diesel
SJ 413: Herbst 1984 bis Frühjahr 1988; SJ Samurai: Frühjahr 1988 bis Dezember 2004	Herbst 1999 bis Dezember 2004
SJ 413: Herbst 1984 bis Frühjahr 1988; SJ Samurai: Frühjahr 1988 bis 2000 und Ende 2002 bis Juli 2003	Herbst 1999 bis 2000 und Ende 2002 bis Juli 2003
offene o. geschlossene Stahlkarosserie, auf Kastenrahmen ge- schraubt	offene o. geschlossene Stahlkarosserie, auf Kastenrahmen ge- schraubt
Kastenrahmen mit Traversen	Kastenrahmen mit Traversen
offen ab 890, geschlossen ab 940, geschlossen (lang) ab 970	offen ab 890, geschlossen 940, geschlossen (lang) ab 970
Otto, Typ G 13 A/B	Wirbelkammerdiesel Peugeot (1999 bis 2001), Renault (2001 bis 2004)
Reihenvierzylinder	Reihenvierzylinder
1324, ab September 1990: 1298	Peugeot: 1905, Renault: 1870
60 bei 6000, ab September 1990: 69 bei 5700	Peugeot: 62/69, Renault: 63 PS
Fallstrom-Registervergaser, ab September 1990 Zentral-Einspritzung	Peugeot: Wirbelkammer-Diesel, Turbo Renault: Direkteinspritzung Turbo
Heck- oder zuschaltbarer Allradantrieb, Reduktionsgetriebe, vordere Freilaufnaben	Heck- oder zuschaltbarer Allradantrieb, Reduktionsgetriebe, vordere Freilaufnaben
Fünfgang (1981/82 auch Viergang)	Fünfgang
I. 3,652; II. 1,947; III. 1,423; IV. 1; V. 0,795; R. 3,466; Reduktionsgetriebe: I. 1,409; II. 2,268	I. 3,652; II. 1,947; III. 1,423; IV. 1; V. 0,795; R. 3,466; Reduktionsgetriebe: I. 1,409; II. 2,268
vo. & hi. starr, Blattfedern, Teleskopstoßdämpfer (»Coily« 1996 bis 1998: vo. Schraubenfedern)	vo. & hi. starr, Blattfedern, Teleskopstoßdämpfer
195 SR 15, ab September 1990: 205/70 R 15	195 SR 15 oder 205/70 R 15
Servo, vo. Scheiben, hi. Trommeln	Servo, vo. Scheiben, hi. Trommeln
Kugelumlauf	Kugelumlauf
203	203
343 x 153 x 168,5; Höhe des Van 182,5; lang: 401 x 153 x 168,5	343 x 153 x 168,5; Höhe des Van 182,5; lang: 401 x 153 x 168,5
130/131	130/131
23; ab September 1990: 19,5	23
11	11
130	130
8,4/12,9/8,9	7,6 bis 11

Die Preise in Deutschland

Durchgängig zwischen 1982 und dem Jahr 2000 war der Suzuki SJ im deutschen Angebot: bis 1988 der SJ 410, von 1985 bis 1988 der SJ 413, ab 1989 der SJ Samurai. Ende 2000 verschwand er aus dem deutschen Importprogramm, um im Jahre 2003 für ein paar Monate als Van und Long wieder im Angebot zu sein, ausschließlich als Turbodiesel. Dann war endgültig Schluss. Der besseren Vergleichbarkeit wegen wird die Preisentwicklung des offenen Geländewagens in der Deluxe-Version herangezogen. Die Quelle ist die Beilage mit den deutschen Preisen im Jahreskatalog der Schweizer Automobil-Revue. Die Preise sind in D-Mark. Zwischen 1997 und 2000 gab es kein Cabriolet Deluxe mehr, nur die Standardversion, die entsprechend preiswerter angeboten wurde.

	SJ 410	SJ 413	SJ Samurai
1982	13.990		
1983	14.948		
1984	14.948		
1985	15.990	18.490	
1986	17.435	19.190	
1987	17.875	19.590	
1988	17.875	20.140	
1989			21.340
1990			21.790
1991			21.790
1992			22.590
1993			23.180
1994–1996			24.810
1997–2000			22.500

In Frankreich war der Samurai länger lieferbar als in Deutschland. Dort kostete der offene Geländewagen in den Jahren 2003 und 2004 jeweils 11.650 Euro mit Benzin- und 13.150 Euro mit Turbodieselmotor.

HAPPY BIRTHDAY, LAND ROVER!
Feiern Sie 75 Jahre Land Rover mit unserer exklusiven auto motor und sport EDITION!
Begleiten Sie uns auf einer Reise durch 75 Jahre voller Leidenschaft, Stil und unvergleichlicher Fahrerlebnisse, geballt auf 164 Seiten – perfekt für alle Fans und Sammler der Kultmarke!
auto-motor-und-sport.de/edition
Telefonisch bestellen unter: +49 781 639-6659
JETZT ONLINE
EDITION
LAND ROVER
75 JAHRE